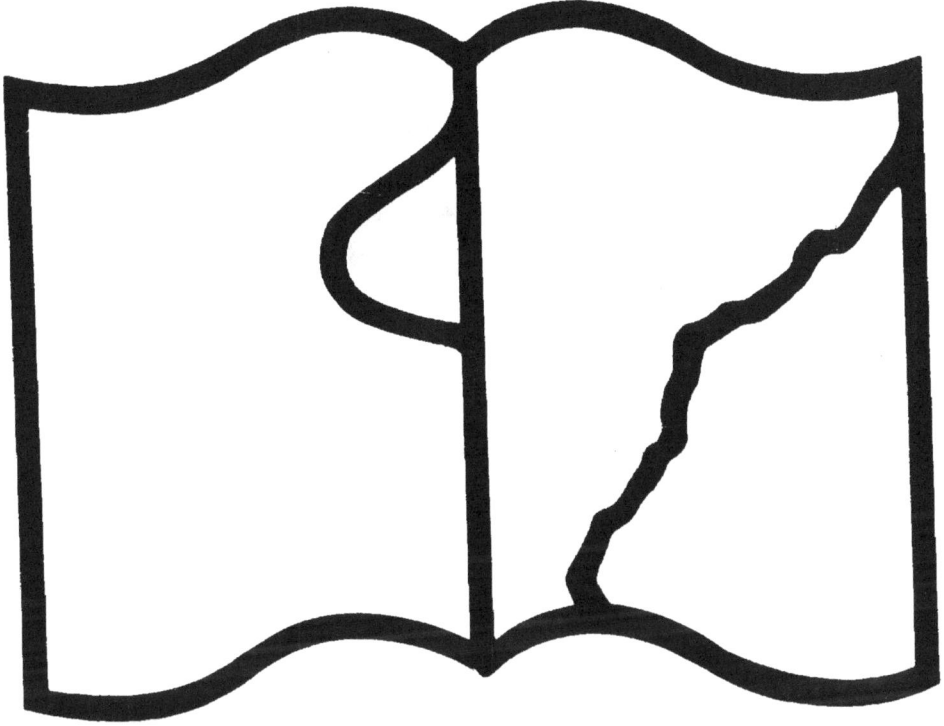

Texte détérioré — reliure défectueuse

NF Z 43-120-11

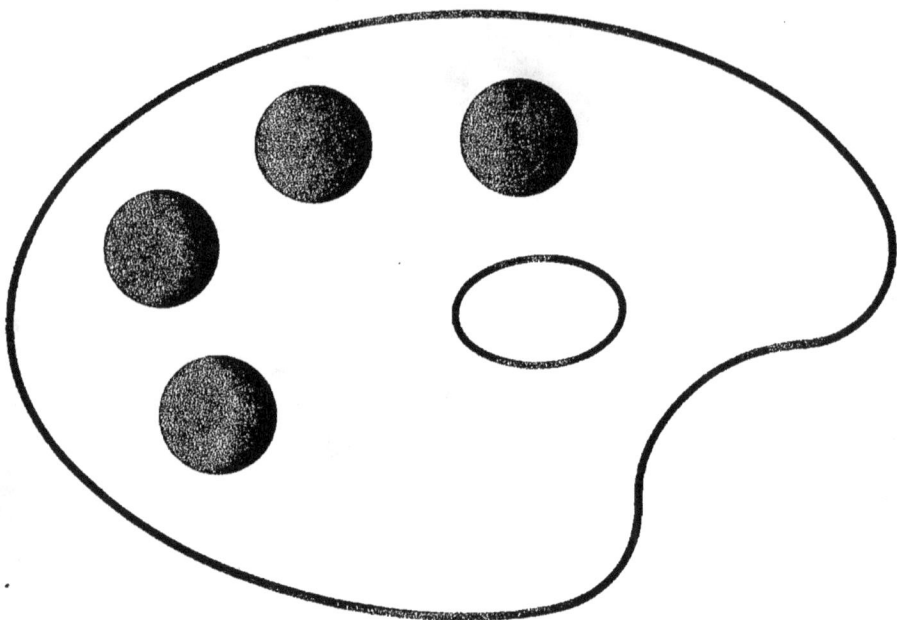

Original en couleur
NF Z 43-120-8

BIBLIOTHÈQUE DU PROGRÈS AGRICOLE & VITICOLE

LES
HYBRIDES-BOUSCHET

ESSAI D'UNE MONOGRAPHIE

DES VIGNES A JUS ROUGE

PAR

PIERRE VIALA

Licencié ès-Sciences naturelles
Répétiteur de viticulture à l'École nationale d'Agriculture de Montpellier

AVEC 6 PLANCHES EN CHROMOLITHOGRAPHIE

MONTPELLIER
CAMILLE COULET, LIBRAIRE-ÉDITEUR
LIBRAIRE DE LA BIBLIOTHÈQUE UNIVERSITAIRE, DE L'ÉCOLE NATIONALE D'AGRICULTURE
ET DE L'ACADÉMIE DES SCIENCES ET LETTRES
5, Grand'Rue, 5
PARIS
ADRIEN DELAHAYE ET E. LECROSNIER, LIBRAIRES-ÉDITEURS
Place de l'École-de-Médecine, 23
1886

LES

HYBRIDES-BOUSCHET

DU MÊME AUTEUR

Foëx (G.) et **Viala** (P.). — Ampélographie américaine, par G. Foëx, directeur, et P. Viala, répétiteur à l'École d'Agriculture de Montpellier. 1 vol., 2ᵉ édition, 1885. — Prix : 3 fr.; franco...................................... 3 fr. 50

Foëx (G.) et **Viala** (P.). — Le Mildiou ou Peronospora de la Vigne; par Gustave Foëx, directeur et professeur de viticulture, et Pierre Viala, répétiteur de viticulture à l'École nationale d'Agriculture. Montpellier, 1885. 1 vol. in-12, avec 4 planches, dont une en chromolithographie. Prix : 2 fr.; franco poste. 2 fr. 50.

Viala (P.). — Les maladies de la Vigne : Peronospora, Oïdium, Anthracnose, Cottei, Pourridié, Cladosporium; par Pierre Viala, répétiteur de viticulture à l'École d'Agriculture. Montpellier, 1885. 1 vol. in-8. Prix : 6 francs; franco poste... 6 fr. 60.

Viala (P.) et **L. Ravaz**. — Mémoire sur une nouvelle maladie de la Vigne : le *Black Rot*, pourriture noire, par Pierre Viala et L. Ravaz. Montpellier, 1886, 1 vol. in-8º de 62 pages, avec 4 planches, dont 2 en chromolithographie. Prix : 4 fr. 50; franco poste... 4 fr. 75.

Montpellier. Imprimerie Grollier et fils, boulevard du Peyrou, 7 et 9.

LES

HYBRIDES-BOUSCHET

ESSAI D'UNE MONOGRAPHIE

DES VIGNES A JUS ROUGE

PAR

PIERRE VIALA

Licencié ès-Sciences naturelles
Répétiteur de viticulture à l'École nationale d'Agriculture de Montpellier

AVEC 5 PLANCHES EN CHROMOLITHOGRAPHIE

MONTPELLIER
CAMILLE COULET, LIBRAIRE-ÉDITEUR
LIBRAIRE DE LA BIBLIOTHÈQUE UNIVERSITAIRE, DE L'ÉCOLE NATIONALE D'AGRICULTURE
ET DE L'ACADÉMIE DES SCIENCES ET LETTRES
5, Grand'Rue, 5
PARIS
ADRIEN DELAHAYE ET E. LECROSNIER, LIBRAIRES-ÉDITEURS
Place de l'Ecole-de-Médecine, 23
1886

A LA MÉMOIRE

DE

Louis BOUSCHET

ET D'

Henri BOUSCHET

PIERRE VIALA.

PRÉFACE

Les cépages à jus rouge, qui ont été créés par Louis et Henri Bouschet, sont, de la part des viticulteurs, l'objet d'une faveur que justifient les exigences actuelles du commerce des vins. Ils occuperont dans les vignobles reconstitués une des places prédominantes. C'est sous l'inspiration de l'importance qu'ils acquièrent, et de la confusion qui règne sur la plupart de ces variétés, que j'ai entrepris ce travail.

L'étude ampélographique des « HYBRIDES-BOUSCHET » offrait beaucoup de difficultés, car plusieurs variétés, à la formation desquelles ont concouru les mêmes éléments, ne présentent que des caractères distinctifs bien secondaires, quoiqu'il existe de sérieuses différences dans leur valeur culturale. Mes recherches ont eu surtout pour but de définir tous ces cépages, aussi bien ceux qui n'ont aucune valeur, que les variétés qui présentent un grand intérêt, mais qui ne sont pas les plus nombreuses.

J'ai cru devoir donner dans une INTRODUCTION quelques courtes explications sur l'histoire de ces vignes et sur certains points d'ordre purement scientifique. J'ai évité d'entrer dans de trop longues considérations philosophiques, dont certaines auraient peut-être dû trouver plus de place dans une Monographie de ce genre; mais, comme elles n'ont encore donné lieu qu'à des hypothèses, non suffisamment précisées par des faits expérimentaux, et qu'il ne s'en dégage aucune déduction nette, j'ai réservé tout développement à ce sujet.

Cette étude présente certainement des lacunes; ce n'est pas en quelques années qu'on peut avoir des données absolues sur la valeur des cépages. Elle serait donc prématurée en ce sens, mais elle

s'imposait, à cause de l'incertitude où se trouvent la plupart des viticulteurs sur les vignes « HYBRIDES-BOUSCHET ». Je m'estimerai heu-
reux si je suis parvenu à leur être utile, et si j'ai pu aussi, par cette
publication, honorer la mémoire de Louis et d'Henri Bouschet, qui
se sont acquis auprès de leur pays des titres à une juste reconnais-
sance.

J'ai étudié les « HYBRIDES-BOUSCHET » dans les plus anciennes
collections établies par Henri Bouschet à *la Prade* (commune de
Clermont-l'Hérault). Mme Ve Henri Bouschet et ses fils, MM. Joseph et
Gabriel Bouschet, ont bien voulu m'y autoriser et me mettre entre
les mains quelques documents sur l'origine de ces vignes. Les descriptions ont été faites aussi dans les collections de l'École d'Agriculture de Montpellier, dans les vignes méthodiquement ordonnées
de M. Jules Lavit, à Canet, et dans celles de M. Bouisset et de ses
amis, à Montagnac. J'ai parcouru, en outre, beaucoup de vignobles
de l'Hérault. Je remercie tous ceux qui ont bien voulu me faciliter
les moyens de travail. Je suis plus particulièrement reconnaissant à
M. Jules Lavit, dont le concours dévoué m'a été fort précieux. Je
dois aussi une mention spéciale à M. L. Ravaz, qui m'a suivi et aidé
dans ces recherches.

M. Bouffard, professeur d'œnologie à l'École d'Agriculture, a bien
voulu se charger d'analyser les vins. Quoique ces analyses de vins,
provenant de vignes encore jeunes, ne puissent être données
comme des termes absolus dans certains de leurs facteurs, elles
fourniront cependant une première indication de quelque utilité.

J'adresse mes remerciements à M. E. Marsal, qui a reproduit fidè-
tement les types les plus importants des « Hybrides-Bouschet »,
et à M. L. Combes, qui les a exécutés avec talent ; leurs dessins,
faits d'après des spécimens que j'ai choisis, aideront beaucoup à
suivre les descriptions ardues de ces cépages.

Montpellier, le 18 mars 1886.

Pierre VIALA.

LES

HYBRIDES-BOUSCHET

INTRODUCTION

A. — **HISTORIQUE**

Le midi de la France a toujours eu intérêt à produire en quantité des vins colorés et alcooliques que recherche le commerce dans ces régions où les conditions climatériques et culturales ne semblent pas se prêter, dans la plupart des cas, à la production de vins fins. Avant le développement des moyens rapides de communication, on n'exportait que les vins d'un degré alcoolique élevé et fortement colorés; la culture de la vigne était limitée aux coteaux où les Morrastel, Mourvèdre, Carignan, Grenache, etc., cépages à produits riches en couleur et en alcool, mais relativement peu abondants, étaient les seuls propagés. Les quelques plaines fertiles où étaient établis des vignobles, peuplés surtout par le Terret-Bourret ou Terret Gris et par l'Aramon, ne donnaient que des vins destinés à la distillation.

C'est pendant cette période que Louis Bouschet de Bernard, dans l'espoir d'obtenir à la fois la quantité et la coloration dans les

2

produits, fit des essais comparatifs sur de nombreuses variétés. Il réunit, dès 1824, dans son domaine de *la Calmette,* à Mauguio (Hérault), les cépages qui donnaient les vins les plus colorés ; ses essais ont été consignés dans le *Bulletin de la Société centrale d'Agriculture de l'Hérault ;* ses rapports expriment clairement l'idée qui le dirigeait.

L. Bouschet ne fut pas satisfait des résultats qu'il obtint par la culture des cépages méridionaux. Il songea alors à multiplier le *Teinturier du Cher,* que de Candolle, à cette époque directeur du Jardin des Plantes de Montpellier, lui avait fait connaître. Le Teinturier, greffé sur une surface de 65 ares, donnait, trois ans plus tard, une récolte de trois hectolitres de vin.

Ce résultat peu encourageant décida L. Bouschet à essayer de modifier les qualités des vignes méridionales à grande production, en les fécondant par le *Teinturier.* C'est en 1828 qu'il fit ses premières tentatives d'hybridation ; son fils a pris soin de nous en conserver l'histoire (1). Pour songer à obtenir des vignes aussi productives que nos cépages méridionaux et à jus coloré comme le Teinturier, il fallait féconder leurs fleurs par celles de ce dernier cépage et attendre la fructification des produits obtenus. La différence de huit à dix jours que présentent ces vignes avec le Teinturier, au point de vue de l'époque de leur floraison, sembla opposer tout d'abord une grande difficulté à la réussite de l'opération. L. Bouschet parvint à retarder un peu la floraison du Teinturier en abritant les fleurs au moyen d'un écran opaque ; il les mit ensuite en contact avec celles de trois de nos principaux cépages : l'*Aramon,* la *Carignane* et le *Grenache.* Les fruits mûrs montrèrent que l'hybridation avait réussi pour un certain nombre de grains. Quelques-uns, en effet, répartis au milieu de baies à suc incolore, fournissaient un jus très coloré. Les graines en furent semées ; l'expérience, recommencée l'année suivante, donna les mêmes résultats. Les jeunes vignes issues des semis, puis greffées sur des ceps vigoureux, donnèrent leurs premiers fruits en 1836. Ces fruits, issus de l'Aramon fécondé par le Teinturier, fournirent un jus aussi coloré

---

1) HENRI BOUSCHET. — *Collection de vignes à suc rouge....* loc. cit. p. 39 à 41. 1865.

que celui de cette variété. Le succès était complet. La greffe devint, dès lors, un moyen rapide de propagation ; dès 1840, L. Bouschet possédait 1100 pieds d'une forme choisie parmi les meilleures, et peu d'années après, il en plantait plusieurs hectares.

HENRI BOUSCHET poursuivit les recherches commencées par son père et fit de nombreuses hybridations de 1855 à 1870. Les grandes voies ferrées, que l'on avait ouvertes, promettaient l'écoulement des vins produits en abondance dans les plaines. H. Bouschet prévoyait l'importance considérable que pourraient prendre des cépages très fructifères et à jus coloré, dans ces régions que l'on plantait beaucoup alors ; la grande propagation du Petit-Bouschet, avant l'invasion phylloxérique, a confirmé ces prévisions.

C'est donc à la suite d'une idée mûrie et arrêtée que L. et H. Bouschet ont entrepris et continué leur œuvre. L'avenir leur réservait sans doute bien des déceptions, mais ils surent faire face à toutes les difficultés avec une rare persévérance.

H. Bouschet avait réuni, à sa propriété de *la Calmette*, des éléments de travail qui lui permettaient de compléter et de mener à bien l'entreprise de son père, à laquelle il s'était voué entièrement. Il avait établi une collection de vignes qui ne comprenait pas moins de 1200 variétés de raisins de table ou de cuve. C'est dans cette collection que furent faites la plupart des hybridations. Le *Petit-Bouschet* et le *Gros-Bouschet* sont les seuls HYBRIDES-BOUSCHET qui ont été obtenus à la suite de la fécondation directe de l'Aramon par le Teinturier. H. Bouschet s'est ensuite servi surtout du Petit-Bouschet pour féconder les cépages méridionaux. Il n'est presque jamais revenu au croisement immédiat par le Teinturier ; du moins aucun des hybrides actuellement propagés n'en est le résultat, ils ont presque tous comme générateur le Petit-Bouschet ou le Gros-Bouschet ; trois cépages ont donc concouru à leur formation.

Les procédés d'hybridation, employés par L. et H. Bouschet, ne sont sans doute point parfaits, nous en discuterons plus loin la valeur ; nous avons néanmoins la preuve évidente qu'ils ont eu une réelle efficacité. Lorsque L. et H. Bouschet se proposaient d'hybrider deux variétés, ils prenaient soin, au préalable, de les planter côte à côte. Ils provignaient, l'année précédente, au pied du cep qui devait être fécondé et qui était toujours la variété méridionale, un ou plusieurs sarments du cépage par le pollen duquel on devait opérer le croisement (Teinturier, Petit-Bouschet). Peu avant la floraison, les grappes étaient entrelacées dans toutes leurs ramifications et les rafles attachées ensemble avec des fils. La fécondation croisée devait ainsi se produire, c'était du moins ce qu'espéraient L. et H. Bouschet.

Quand la fécondation était supposée accomplie, au moment où les grains paraissaient noués, on séparait les rameaux et on abandonnait les grappes jusqu'à la maturité. On négligeait celles du pied provigné (1); mais les fruits du pied destiné à être fécondé étaient cueillis avec soin, on isolait tous les grains et on en exprimait le jus. Tous ceux qui rendaient un suc coloré étaient mis de côté. Cette action directe de la fécondation sur la coloration du jus a été mise en doute et même niée pendant longtemps, elle est confirmée aujourd'hui ; nous y reviendrons.

Les pepins isolés étaient semés dans des vases et les jeunes rameaux des vignes de semis greffés plus tard, afin d'arriver plus rapidement à reconnaître leur mérite. On ne pouvait, même par ce procédé, avoir une première indication sur la valeur des divers individus qu'au bout de cinq ou six ans; c'est alors seulement qu'on devait songer à les choisir et à les sélectionner.

Les vignes « HYBRIDES-BOUSCHET », qui resteront dans la culture, sont, en somme, peu nombreuses ; elles ont été choisies au milieu d'un nombre considérable de formes qui n'avaient aucun mérite. Tous ceux qui ont fait des croisements et des semis de vignes savent quelle patience il faut pour les obtenir. H. Bouschet s'était adonné entièrement à l'étude de ses vignes; il n'a laissé aucun travail d'ensemble sur les « Hybrides-Bouschet », mais seulement des notes manuscrites ou quelques mémoires isolés (2).

---

(1) Il est certain qu'il devait se produire une fécondation croisée inverse, des ovaires du Teinturier par le pollen de l'Aramon, par exemple. L. et H. Bouschet n'ont jamais fait de semis des grappes qu'ils destinaient à fournir le pollen. Les individus qui en seraient provenus auraient pu réunir les propriétés recherchées.

(2) **Bibliographie des « Hybrides-Bouschet. »** — HENRI BOUSCHET : *Collection de vignes à suc rouge, obtenues par le semis, après le croisement des cépages*

B. — MÉTISSAGE ET HYBRIDITÉ

I .

L. et H. Bouschet ont été les premiers, et les seuls en France, jusqu'à une époque peu éloignée, à se servir de la fécondation artificielle pour créer de nouvelles variétés de vignes. Vibert, Robert Moreau, Courtiller, etc., avaient fait, il est vrai, de nombreux semis pour l'amélioration des raisins de table, mais c'étaient des semis directs dont ils sélectionnaient ensuite les individus les plus méritants; dans leurs essais, ils ne comptaient que sur le hasard. Ainsi que le dit M. V. Pulliat (1), « aucun d'eux n'a procédé dans un but aussi défini que celui de M. Bouschet. »

méridionaux avec le Teinturier (Bull. Soc. cent. agr. Hérault. 1865, p. 37). — Id. Le Petit-Bouschet, vigne à jus coloré, obtenue des semis de M. Louis Bouschet, en 1829, après le croisement de l'Aramon par le Teinturier (Bull. Soc. cent. agr. Hérault, 1865, p. 373).

— Id.,Trois nouveaux Muscats, obtenus par la fécondation croisée et le semis (Bull. Soc. cent. agr. Hérault, 1871, et Bull. Soc. Hort. et Hist. nat. Hérault, 1872).
— Id. Divers in Bull. Soc. cent. agr. Hérault: Procès-verbaux : 14 août 1865, 2 mai 1859, 1864 p. 399, etc., etc.

— D. Dupuy : Une visite à MM. Bouschet (Revue agricole du Gers, 1867).

— H. Doniol : Création de cépages à jus rouge par l'hybridation et le semis. Collection de vignes de MM. Bouschet, à la Calmette, commune de Mauguio (Rapport sur la prime d'honneur, 1868).

— V. Pulliat : Les raisins à jus rouge de M. H. Bouschet, à l'exposition universelle de Lyon, en 1872 (Rapport de la commission viticole des Agriculteurs de France. Bul. 1872).

— Pellicot : Rapport sur les travaux d'hybridation de MM. Bouschet, de Montpellier (Bull. Comice agricole de Toulon, 1874).

— Joseph et Gabriel Bouschet : Notice sur les hybrides à jus rouge (Messager agricole, 1883).

— L. Fajon. Les nouveaux hybrides Bouschet (Messager agricole, 1883).

— Jules Lavit : L'Aramon-Teinturier-Bouschet (Progrès agricole et viticole, 1884, p. 313). — Id. in Compte-rendu des réunions viticoles organisées par la Société centrale d'agriculture de l'Hérault à l'Ecole d'agriculture de Montpellier (Progrès agricole et viticole, 1885. Tome III).

(1) Les raisins à jus rouge de M. H. Bouschet... loc. cit., p. 7.

2*

Les semis de vigne avaient été pratiqués anciennement en Amérique. Les viticulteurs de ce pays avaient cherché dans le semis les moyens de produire de nouvelles formes, qui, dans leur pensée, devaient être mieux adaptées aux conditions climatériques, qu'ils supposaient être la cause de leurs insuccès dans la culture de la vigne (1) ; ils ignoraient le rôle exclusif que jouait, dans ce cas, le phylloxera. C'est dans ce but aussi qu'ils songèrent plus tard à créer de nouvelles variétés par la fécondation artificielle ou *hybridation* (2). Roger, Arnold, Underhill, Dr Wylie, Allen, Ricket, Adlum, Bull, etc., ont obtenu par ce moyen de nombreuses formes (3). Les résultats qu'ils demandaient encore à la fécondation artificielle, c'était l'amélioration des vignes cultivées ou la création de races appropriées aux milieux où elles paraissaient réfractaires à la culture.

A la suite de la découverte certaine du phylloxera comme cause des échecs subis en Amérique, et devant la nécessité presque constante du greffage des vignes européennes sur cépages américains résistants, on s'est demandé s'il n'y aurait pas possibilité de former, par la fécondation artificielle, des variétés résistantes et fructifères. Des essais sont actuellement poursuivis dans ce sens par beaucoup de viticulteurs. On espère réussir à combiner les caractères de deux générateurs à un degré tel que l'on obtienne résistance et fructification, comme L. et H. Bouschet ont infusé la coloration à des cépages fructifères (4). Les résultats de ces essais trop récents ne peuvent encore être déterminés d'une manière positive. Mais s'il est

---

(1) A. DE CANDOLLE. *Géographie botanique raisonnée*, 1855, p. 342 et 366.

(2) Les vignes « HYBRIDES-BOUSCHET » ne sont pas des *hybrides*, au sens botanique du mot, ce sont des *métis*. Mais l'usage a prévalu, en viticulture, d'appliquer le mot d'hybrides et d'hybridation aux produits de tout croisement entre formes de vignes, quelle que soit leur valeur. Nous croyons devoir nous y conformer; nous reviendrons plus loin sur cette notion.

(3) Voir : BUSH AND SON AND MEISSNER : *Bushberg Catalogue*, 1883. — ANDREWS S. FULLER. *The grape Culturist*, 1867. — W. C. STRONG, *Culture of the grape*, 1867.

(4) Les éléments de résistance sont recherchés dans les types qui la possèdent au plus haut degré : *V. Cordifolia, V. Rupestris, V. Cinerea, V. Candicans, V. Riparia..;* ils jouent, en général, le rôle de mâle. Dans le Midi on demande la fertilité aux cépages les plus producteurs : *Aramon, Petit-Bouschet, Alicante-Bouschet,* etc...

Outre les nombreux essais d'hybridation faits à l'École d'Agriculture de Montpellier, nous citerons ceux de M. Millardet et M. Ch. de Grasset, de M. Ganzin, etc.

Voir GANZIN. *De l'hybridation artificielle et des services qu'on peut en attendre pour l'avenir de la viticulture* (Revue scientifique, 1881, T. XXVIII, page 143).

permis d'espérer que l'on parviendra au but poursuivi, il ne faut pas se dissimuler que ce ne sera qu'après bien des efforts, avec beaucoup de temps et de patience.

La fécondation artificielle fournira peut-être, dans un avenir éloigné, des résultats importants, qui introduiront des données nouvelles dans le choix des cépages. Il appartient à ceux à qui la nécessité ne s'impose pas de demander au sol un revenu régulier, et aussi à ceux que des études scientifiques préparent à de pareilles recherches, de poursuivre la solution de ces difficiles problèmes ; mais les espérances, très vagues encore, qu'on peut fonder sur des tentatives de cette nature, ne doivent modifier en rien, pour l'instant, la marche suivie dans la reconstitution pratique des vignobles.

II

La fécondation croisée paraît se produire, entre vignes, dans la nature, d'une façon bien plus fréquente qu'on ne l'avait cru. Sans vouloir trop généraliser, on peut dire cependant que beaucoup de variétés du *V. Vinifera* ne sont que le résultat de croisements naturels. Mais, dans ce cas, il n'est possible de rien affirmer ; on a probablement affaire, en effet, à une espèce unique ou à des variétés peu éloignées, et on ne peut retrouver ni même présumer les générateurs. Il n'en est pas ainsi pour les variations que l'on rencontre, à l'état spontané, en Amérique. Les caractères sont suffisamment fixés et précis pour que l'on puisse reconnaître dans les produits la fusion à divers degrés des générateurs. Nous citerons comme hybrides nettement caractérisés : ceux du V. Rupestris et du V. Candicans que l'on désigne sous le nom de *Champin* (1), ceux du V. Cordifolia et du V. Rupestris ou *Cordifolia-Rupestris*, du V. Æstivalis et du V. Candicans ou *Neosho* (2), etc.

La fécondation croisée doit donc se produire spontanément entre les vignes sauvages comme entre les autres plantes pour lesquelles elle paraît être une nécessité dans l'amélioration et la perpétuation

(1) G. Foex et P. Viala. *Ampélographie américaine.* 1885, page 151.

(2) Millardet. *Histoire des principales variétés et espèces de vignes américaines,* 1885. — Id. *Journal d'Agriculture pratique,* 1882, II, p. 470.

non-seulement de l'espèce, mais même de ses variations fixées (1).
Ce fait a été nié pour la vigne. On a soutenu que la disposition des
fleurs s'opposait d'une façon absolue aux phénomènes de fécondation croisée. Les cinq pétales de la corolle de la vigne restent toujours soudés à leur sommet ; lorsque la floraison a lieu, elles se
détachent seulement par leur base d'insertion sur le réceptacle et
forment ainsi *capuchon.* On admet encore aujourd'hui que la fécondation se produit avant que la corolle ne soit tombée. Au moment
où les pétales se détachent, le capuchon serait rabaissé vers le
pistil et appliquerait sur lui les étamines ; la déhiscence des anthères
se produirait alors et le pollen se déposerait sur le stigmate. Toute
action du pollen étranger à la fleur serait ainsi empêchée. Dans
cette interprétation du phénomène antérieur à la fécondation, il
serait difficile d'expliquer comment il peut exister des hybrides spon-
tanés. Les faits doivent donc se produire autrement.

Cette autofécondation, à huis clos, n'a pas lieu en effet. M. Millardet, qui a suivi la marche du phénomène, en a donné la description ; les intéressants détails qu'il a publiés sur ce point nous
paraissant trop peu connus, nous croyons devoir le citer textuellement (2) : « Si l'on examine attentivement l'épanouissement d'une
fleur de vigne, par un beau temps, on verra qu'au moment où la
corolle tombe, les étamines sont dressées contre le pistil ; à côté et
un peu au-dessus du stigmate, sont les anthères encore fermées, à
part quelques exceptions. A peine la corolle est-elle tombée, qu'on
voit les étamines s'écarter lentement du pistil : en moins de cinq
minutes elles font avec l'axe de ce dernier un angle de 45 degrés.
En même temps, les anthères tournent sur leur point d'attache de
manière à augmenter encore la distance qui les sépare du stigmate.
Lorsque cette double évolution est terminée, les anthères se trouvent éloignées de 2 ou 3 millimètres, de telle façon que si elles
commencent à ce moment à laisser échapper leur pollen, celui-ci,
au lieu d'atteindre le sommet de l'organe femelle, tombe en dehors
de la fleur, quelquefois de manière à féconder une autre fleur de

---

(1) Darwin. *De la variation des animaux et des plantes.* — Id. *Origine des espèces.*
— Id. *Des effets de la fécondation croisée et directe dans le règne végétal.*

(2) Millardet. *De l'hybridation entre les diverses espèces de vignes américaines à
l'état sauvage (Journal d'Agriculture pratique* 1882, II, page 470).

la même grappe, si les organes de celle-ci se trouvent dans un état convenable.

» Les anthères et les étamines continuent pendant longtemps encore à s'éloigner du stigmate ; je les ai toujours vues, après quelques heures, dans les espèces sauvages, courbées en arc de cercle autour de la fleur, c'est-à-dire aussi éloignées que possible de l'organe femelle. — Si, peu de temps après l'épanouissement (1/4 d'heure à 1/2 heure), on examine les stigmates avec une bonne loupe, on peut constater qu'il n'y a que très-rarement du pollen à leur surface.

» La fécondation de la fleur par son propre pollen est donc prévenue par des dispositions spéciales : le croisement entre fleurs et individus se trouve favorisé d'autant... Quant à l'agent qui opère le transport du pollen d'un individu à un autre, c'est le vent..... Sous l'action d'une brise légère, les pampres sont balancés ; les feuilles frappent doucement les grappes ; le pollen s'égrène, et chaque onde aérienne devient un nuage de poussière séminale..... On comprend maintenant comment se forment les hybrides malgré la nature hermaphrodite des fleurs fertiles, non-seulement à l'état spontané, mais dans nos cultures. »

La fécondation croisée est donc à peu près forcée. Elle peut avoir lieu par le pollen d'une fleur voisine de la même grappe ; elle peut aussi se produire, sous l'action du vent, par le pollen de fleurs des souches voisines et de variétés ou d'espèces différentes. Le pollen de la fleur même pourrait cependant se trouver en même temps qu'un pollen étranger sur les stigmates. Dans ce cas, des observations générales prouvent que c'est à la fécondation croisée que paraît probablement assuré le succès. « La première chose qui frappe quand on pratique », un croisement, dit M. Van Tieghem (1), résumant les longues observations de Ch. Darwin (2), « c'est la promptitude avec laquelle le pollen étranger se développe sur le stigmate et féconde les ovules. Par là, ce pollen se montre déjà supérieur au pollen propre de la plante. Aussi est-il inutile d'écarter ce dernier, en coupant les étamines ; car, à supposer que les deux pollens

(1) Van Tieghem. *Traité de botanique*, 1884, p. 959.
(2) Ch. Darwin. *Des effets de la fécondation croisée*, loc. cit.

soient apportés en même temps sur le stigmate, le pollen étranger devancera l'autre et agira seul sur les ovules ».

Lorsque L. et H. Bouschet entrelaçaient les grappes de fleurs des cépages qu'ils voulaient croiser, la fécondation devait se produire spontanément. Quoi qu'on en ait dit, ils pouvaient donc obtenir le résultat qu'ils espéraient ; leurs procédés étaient loin cependant d'être rigoureux. Pour avoir une certitude à peu près complète que la fécondation est bien déterminée par le pollen seul que l'on veut faire agir, il faut procéder d'un façon plus précise. Les hybridations que l'on pratique aujourd'hui réunissent toutes les conditions scientifiques de succès.

III

Lorsque l'on veut croiser deux variétés dont la floraison est à peu près simultanée (1), les pieds mâles et femelles ayant été déterminés, on choisit la grappe à féconder. Aucune fleur ne doit être ouverte et il faut que la grappe paraisse vigoureuse et normalement développée. On supprime d'abord toutes les fleurs qui commenceraient à s'épanouir, ce que l'on reconnaît facilement à la séparation des pétales à leur base d'insertion. Une trentaine de fleurs environ sont préparées. Elles doivent être bien gonflées, on les opère au milieu de la grappe.

L'opération se pratique au moment de la floraison du pied femelle et autant que possible vers le milieu de la journée ; car c'est sous l'action d'une température élevée que les phénomènes de la fécondation paraissent se produire le plus activement. Avec une petite

---

(1) Quand le pied mâle fleurit avant le pied femelle, il existe presque toujours des fleurs qui peuvent fournir un pollen propre à la fécondation. Si les distances étaient trop grandes, il faudrait songer à retarder la floraison. Le meilleur moyen consiste à pincer les rameaux, à plusieurs reprises si c'est nécessaire ; si l'on pratique cette opération assez tôt, il se développe de nouvelles grappes de fleurs sur les rameaux secondaires. On peut agir inversement et hâter le moment de la floraison du pied femelle. Nous ne connaissons pour cela que les procédés qui consistent à rapprocher les rameaux à fleurs le plus près possible de la surface du sol, ou à avancer et à retarder la floraison, en plaçant les souches en serre. On sait avec quel succès ce moyen a été employé par Wichura pour l'hybridation des saules.

pince, à mors plats, on saisit le capuchon de la corolle, en exer-
çant une légère pression et tirant un peu vers la partie supérieure.
Les pétales se détachent par leur base et avec un peu d'habileté,
on les enlève entièrement sans toucher aux anthères. Si les pétales
ne se séparaient pas, on les saisirait vers leur point d'insertion,
en les désarticulant successivement. Lorsque deux ou trois pétales
sont disjoints, l'ensemble de la corolle se désarticule facilement. On
supprime les étamines, en les saisissant par le filet, et on s'assure,
avec la loupe, qu'il n'y a pas de pollen sur le stigmate ainsi isolé.
L'opération faite sur toutes les fleurs, on retranche les parties de
la grappe non réservées.

Des grappes du cépage qui remplit les fonctions de mâle, avaient
été préalablement recueillies. On les agite au-dessus des fleurs à
féconder, en promenant les étamines déhiscentes au-dessus des
stigmates ; l'on se rend compte avec la loupe qu'ils sont imprégnés de pollen.

Les fleurs pourraient rester à l'air libre, mais il est bon de prendre une précaution complémentaire. On emprisonne la grappe dans
un sac de gaze gommée, afin que le pollen étranger des variétés
qui fleurissent en même temps ne vienne fausser les résultats
recherchés ; car il se pourrait qu'accidentellement ce pollen, ayant
peut-être plus d'affinité sexuelle, en tombant sur le stigmate, se
développât plus rapidement que celui que l'on aurait déposé. Il est
bon, en outre, de mettre dans le sachet un fragment de grappe
commençant à fleurir, du pied mâle, destiné à opérer la fécondation, si par hasard elle n'avait pas lieu.

Il suffit d'un temps relativement court pour que la germination
des grains de pollen s'accomplisse sur le stigmate, et que le tube
pollinique parcoure le court canal stylaire du pistil des fleurs de
vigne. En général, dès que le tube pollinique est à une certaine
distance, le stigmate et le style se flétrissent. On pourrait donc
enlever le sachet de gaze peu après ; par précaution on le laisse une
huitaine de jours. La grappe fécondée ne doit pas rester à l'air
libre ; on l'emprisonne dans un sac à mailles assez larges, jusqu'au
moment de la maturité.

Les grains de raisins sont cueillis bien mûrs et on les laisse sécher
avant de les séparer de la pulpe. Les semis doivent se faire l'année

suivante et dans les meilleures conditions de réussite. On stratifie
les pepins dans du sable légèrement humide, pendant une vingtaine
de jours environ. Il est utile de faire les semis dans de grands pots
à fleurs, où l'on met, avec une terre meuble et déjà riche, du ter-
reau bien décomposé. On les soignera bien mieux qu'en jardin, où
des graines accidentelles pourraient d'ailleurs amener des confusions. Quand on fait des semis de nombreuses hybridations, il faut
apporter beaucoup d'ordre et de méthode dans l'étiquetage, et
isoler les graines de la même série dans un vase.

Le sol est toujours maintenu un peu frais pour aider à la germination des graines, enfouies à 4 ou 5 centimètres au plus ; la surface
est recouverte d'un paillis de fumier assez décomposé. La germination a lieu environ un mois après le semis. S'il est possible de
maintenir les vases à l'abri du froid, dans des serres par exemple,
le semis sera pratiqué dès le mois de février ; on ne le fait que fin
mars (dans le Midi), dans le cas contraire. Quand les jeunes plants
ont cinq ou six centimètres de haut, on sarcle les plantes étrangè-
res. Les seuls soins que l'on doive donner consistent à maintenir
la surface du sol des vases bien meuble et à pratiquer, en été, des
arrosages fréquents, mais non abondants.

Les semis peuvent acquérir un développement relativement grand
la première année ; il faut toujours les transplanter à la végétation suivante. Dans les vignes de semis qui résultent de croisements
entre types à caractères végétatifs bien différents, on peut percevoir,
déjà à ce moment, des caractères intermédiaires ou juxtaposés.
Pour hâter leur étude, on greffe parfois ces jeunes rameaux ; ce ne
sera pas le cas général. La fructification des vignes de semis n'a
lieu, avons-nous dit, qu'au bout de cinq et six ans ; il arrive même
que certaines ne se mettent à fruit qu'au bout d'une période plus
longue.

Le greffage des rameaux pris, au bout d'un an, sur souches trans-
plantées, est alors utilement pratiqué pour arriver plus rapidement
aux premières indications ; il faut encore six ou sept ans, en tout,
pour se rendre un compte exact de leur valeur fructifère. Si l'on
veut, en outre, apprécier la résistance au phylloxera des individus
où l'on cherche la combinaison de cette propriété avec celle de
la fructification, cette période n'est pas trop longue ; encore faut-il

s'être rendu compte de leur valeur présumée par une étude suivie des racines.

Quand une variété offre les avantages que l'on recherche ou d'autres qualités réelles, il faut songer à la multiplier rapidement. On a grand soin de sélectionner les rameaux les plus fructifères, et même tout d'abord sur ces rameaux les portions qui portaient les fruits, et les greffer. Par des sélections et des greffages successifs, on obtiendra une multiplication parfaite ; il est même permis de croire, car il en existe des exemples, que ces sélections successives pourraient amener l'isolement d'individus bien fructifères, quoique, à leur origine, ils ne fussent que d'une fructification médiocre. La sélection des boutures et des greffons, poussée à ce point qui peut paraître extrême, doit être toujours appliquée, d'une façon absolue, dans toutes les conditions, pour tout cépage que l'on multiplie.

IV

Lorsqu'une fleur d'une espèce supposée pure est fécondée par son propre pollen, il en résulte pour l'individu qui se forme l'acquisition de caractères propres, qui s'ajouteront aux caractères primordiaux du générateur. Mais les différences seront faibles à ce degré ; elles sont bien plus sensibles quand les individus proviennent du croisement de générateurs chez lesquels étaient accumulées des variations plus ou moins fixées pendant des séries successives de générations. Les variations semblent devoir s'accentuer à chaque génération et se multiplier d'autant plus, qu'outre la transmission des caractères des générateurs et la manifestation de nouvelles propriétés, il intervient, dans le semis, un nouveau phénomène, celui de l'atavisme ou du retour dans divers sens aux procréateurs présents ou passés. Quel est le sens de ces variations? dans quelles proportions ont lieu les mélanges, la fusion, ou la juxtaposition des caractères? peut-on les préciser?

Darwin, Gârtner, Decaisne, MM. Naudin, Nægeli, Focke, etc., ont suivi de près ces phénomènes et en ont pu fixer les conditions générales. Mais leurs travaux ne permettent encore, dans aucun cas, de tracer des règles précises qui aident à prévoir les résultats à obtenir et à diriger dans les essais d'hybridation ; ils n'ont encore donné lieu qu'à des hypothèses non suffisamment précisées par des faits expérimentaux, aucune déduction nette ne s'en dégage. Néanmoins, comme les nombreuses variations non concordantes que l'on obtient par le semis d'individus, résultats de croisements, peuvent se produire à tous les degrés dans les caractères secondaires (qui sont les plus importants pour la culture), l'une d'elles pourra répondre au but poursuivi. On conçoit combien sont aléatoires les essais d'hybridation, et combien ils doivent être nombreux et variés pour fournir des résultats, attendus des propriétés secondaires, pour ainsi dire accidentelles, de la plante. Il est certain que ces propriétés doivent se combiner et se transmettre ; mais aucune règle ne peut être assignée, puisqu'on ne sait pas de quelle façon se font les mélanges, absorptions, dissociations ou juxtapositions des caractères que l'on peut considérer comme les plus fixes.

Il est cependant de ces caractères accidentels qui pénètrent les produits de croisement, à des degrés réellement remarquables ; telle la propriété de coloration des « Hybrides-Bouschet. » La coloration rouge vineux que possède le Teinturier dans la pulpe et, à l'automne, dans le limbe de la feuille, s'est transmise presque constamment aux produits de son croisement avec les autres variétés du V. Vinifera. Elle s'est même communiquée à des individus résultant de l'union des Hybrides-Bouschet avec des espèces américaines fort différentes. Ainsi l'on a obtenu, à l'École nationale d'Agriculture de Montpellier, des hybrides d'*Alicante-Bouschet* par *V. Rupestris* et de *Petit-Bouschet* par *V. Riparia*, dont les feuilles prennent, à l'automne, une teinte rouge vineux des plus intenses. Ce caractère de coloration s'est manifesté, pour les Hybrides-Bouschet, l'année même, dans la pulpe des fruits dont les ovaires avaient été imprégnés par le pollen du Teinturier. Cette « action directe et immédiate de l'élément mâle sur la forme maternelle (1) » a été niée et les assertions d'H. Bouschet mises en doute. Il avait fait cependant une expérience qui paraît assez concluante, car il avait réussi à

(1) DARWIN. *De la variation des animaux et des plantes*, T. 1, p. 421-430. — Sous cette tête de chapitre Darwin cite plusieurs faits de cette action directe chez beaucoup de plantes, et signale celui qui est relatif à l'influence immédiate du Teinturier.

obtenir, au milieu d'une grappe de Chasselas blanc, des grains colorés, à la suite du croisement avec un raisin noir (1).

Les nombreuses observations des auteurs que nous citions plus haut, et parfois des expériences directes et comparatives, ont permis de noter certains faits, dont la constance est assez grande dans les produits de croisement des plantes. Mais les propriétés nouvellement acquises varient suivant les degrés de différences des générateurs, suivant que c'est un phénomène de *Métissage* ou d'*Hybridité*.

On donne le nom de métissage au croisement sexuel entre plantes de même espèce ; le produit est un *métis*. Les vignes « Hybrides-Bouschet » sont donc toutes des métis, puisque les générateurs dérivent d'une espèce, supposée unique, le *V. Vinifera*. On admet d'une façon générale, que les propriétés nouvelles des métis s'accentuent « à la fois dans la dimension, le poids et la force de résistance du corps végétatif, dans l'époque et l'abondance de la floraison, enfin dans la fécondité appréciée par le nombre de fruits et de graines (2). » Cette dernière propriété, de l'abondance des graines, ne s'est nullement accusée dans les « Hybrides-Bouschet. » Quant à l'augmentation de la puissance de végétation, elle a eu lieu dans quelques cas, le plus souvent l'inverse s'est produit. Il n'y a donc pas eu règle absolue, même pour les caractères primordiaux, dans le cas spécial des Hybrides-Bouschet.

Cette désignation d'*Hybrides-Bouschet,* considérée au point de vue strict de sa signification, serait impropre, car on définit l'*hybride* le résultat du croisement sexuel de deux plantes d'*espèces différentes.* On a opposé, à tort, cette critique à H. Bouschet, car il a écrit : « Le nom d'*hybrides* n'est donné par les botanistes qu'aux produits de la fécondation croisée entre deux espèces, tandis que généralement on se sert de ce nom pour désigner les plantes qui proviennent d'un croisement quelconque, c'est dans ce sens que je l'ai employé (3) ». Il semblerait cependant plus exact d'appliquer le mot de *métis* que celui d'*hybrides* aux vignes que nous étudions. Mais, comme nous le disions, l'usage a prévalu de désigner vulgai-

(1) *Bull. Soc. cent. Agr. Hérault,* 1864, p. 399.
(2) Van Tieghem. *Traité de botanique,* 1884, p. 959.
(3) Henri Bouschet. *Collection de vignes à suc rouge. Loc. cit.,* 1865, page 39, en note.

rement les produits du croisement entre variétés, aussi bien qu'entre espèces, du nom d'*hybrides,* l'opération sous celui d'*hybridation ;* on qualifie le phénomène du nom d'*hybridité.*

D'ailleurs, si, d'une façon générale, « il n'y pas de limite tranchée entre le métissage et l'hybridité (1) », on ne peut établir surtout de différences entre l'hybridité et le métissage des formes du Genre *Vitis.* Le critérium le plus certain pour la délimitation du groupe de formes, qui constituent une *espèce,* résiderait, d'après les données le plus généralement admises, dans l'infécondité des produits qui résultent de l'hybridation de cette espèce avec une autre espèce du même genre. On étend davantage aujourd'hui cette notion, et l'on admet que les produits hybrides de deux espèces peuvent être féconds, mais ne le sont pas indéfiniment. Or, tous les hybrides naturels ou artificiels de vignes sont toujours féconds, quelque grandes que paraissent les différences spécifiques des générateurs. Nous connaissons des cas de fécondité d'*hybrides simples* ou même d'*hybrides combinés,* sans atténuation, jusqu'à la deuxième et troisième générations. On n'a évidemment pas de preuves que cette fécondité se maintiendra indéfiniment, rien cependant ne fait supposer le contraire. Au reste, on ne note pas de différence entre les produits du croisement de deux espèces ou hybrides, ou de deux variétés de la même espèce ou métis. Si la distinction entre un métis et un hybride peut être clairement établie pour d'autres plantes, ce n'est pas le cas pour la vigne. Il s'ensuit que la délimitation absolue paraît impossible entre les *espèces* du *G. Vitis* (Sect. *Euvites* Planch.) ; elle n'est que relative. Ces espèces répondraient plutôt à la notion de *sous-espèces* ou *races,* puisqu'elles donnent, par leur croisement, des produits indéfiniment féconds.

(1) VAN TIEGHEM. *Traité de Botanique,* 1884, p. 967.

C. — **LE CÉPAGE.** — **AMPÉLOGRAPHIE**

Mais à quoi répondent, au point de vue botanique, les vignes cultivées que l'on désigne sous le terme général de *Cépages*. C'est l'opinion du plus grand nombre que les vignes d'Europe cultivées résultent, pour la plupart, de croisements successivement combinés et fixés par la segmentation, de générateurs, variés à divers degrés, du V. Vinifera ; de même, certains cépages américains sur lesquels l'action des espèces génératrices est manifestement reconnaissable. Or, presque aucune des vignes propagées dans la culture ne se reproduit, par le semis, identique à elle-même. Les cépages ne sont donc pas des *variétés*, au terme botanique du mot, car la propriété spéciale qui caractérise une variété « est fixée et se retrouve désormais dans toutes les générations successives, caractérisant ainsi dans la race générale un rameau différencié, une race particulière (1) ».

On ne possède certainement pas d'expériences directes démontrant d'une façon absolue que parmi les formes si nombreuses du V. Vinifera il n'y a pas de variétés ; nous n'en connaissons aucune qui se reproduise identique à elle-même par le semis (2). Parmi les formes dérivées des espèces américaines, il en est bien peu que l'on puisse citer comme conservant assez bien leurs caractères par le semis. Le cépage n'est donc pas une variété ; lorsque nous emploierons ce mot, ce sera sans rien préjuger de sa signification réelle. Le *cépage* est une variation non fixée ou forme individuelle que l'on perpétue par les procédés de segmentation, que n'emploie ordinairement pas la nature. Cette forme présente originairement, par rapport aux autres individus de même valeur ances-

---

(1) Van Tieghem, *loc. cit.* p. 970.

(2) Il est probable que par des semis et des sélections successives, on parviendrait, au bout d'un certain nombre de générations, à fixer un ensemble de caractères sur des individus qui les perpétueraient et constitueraient une variété. — Voir, au point de vue général : Naudin, Divers *in : Annales des sciences naturelles* et *Nouvelles archives du Muséum.*

3

trale, des différences parfois insignifiantes pour ce qui est des
caractères botaniques, mais qui ont une importance grande pour le
but matériel que l'on poursuit dans la culture, telles : des distances
de quelques jours dans les époques du débourrement et de la maturité, dans l'intensité de la coloration et de la saveur du jus, la
richesse alcoolique du vin, l'adaptation plus spéciale à certaines
natures de sols...... Mais c'est par suite de ces légères variations,
que l'on isole cette forme et qu'on la fixe par la segmentation.

La distinction absolue des espèces et surtout des races ou variétés
est fort complexe ; l'on est obligé, pour l'établir d'une façon relative, de s'adresser à des caractères d'ordre souvent fort divers. On
conçoit qu'il soit difficile de préciser les différences pour des formes
bien moins importantes et de les grouper suivant un ordre naturel.
Aussi les essais faits dans ce sens par divers ampélographes n'ont-
ils abouti à aucun résultat, tels ceux de Simon-Roxas-Clemente (1).
Il est, actuellement du moins, impossible d'établir des groupements
secondaires entre les formes si multiples auxquelles ont donné lieu
les nombreuses variations et croisements des espèces de vignes ;
peut-on à peine, dans certains cas (pour les vignes européennes surtout et quelques vignes américaines), les rapporter à une souche
originaire qui est l'espèce ou la race, mais sans filiation directe
entre les individus ou cépages (2).

La description du cépage ou *Ampélographie* doit répondre à
plusieurs buts : celui de définir l'individu que l'on décrit comparati-
vement à tous les autres, celui de donner le moyen de le reconnaître à toute époque et de fournir en même temps des données
comparatives sur sa valeur et ses propriétés culturales. Une description ampélographique est donc un signalement plutôt qu'une
description botanique proprement dite, où seraient subordonnés les
caractères ; il faut faire appel à des propriétés secondaires qui n'au-

---

(1) SIMON-ROXAS-CLEMENTE. *Essai sur les variétés de la vigne qui végétent en
Andalousie.* 1814.

. (2) Si l'on voulait établir des groupements réels, il n'en est aucun, croyons-nous,
qui aurait plus d'homogénéité que celui qui comprendrait les vignes à jus coloré,
dont la souche primitive est le Teinturier et dont on connaît les ramifications.
Quoique le caractère de coloration paraisse secondaire au point de vue naturel,
on serait en droit de se demander si le *Teinturier* n'est pas une variété ; on n'a, il
est vrai, aucune preuve expérimentale.

raient aucune importance comme caractères naturels, mais qui
répondent à une utilité. Il est impossible de suivre absolument,
pour la description d'un cépage, les règles tracées pour la description des espèces avec tant d'autorité par un maître incontesté (1).
On juxtapose, en les énumérant, les caractères et les propriétés de
chaque individu. Il semble que l'on pourrait en négliger certaines
pour n'insister, dans quelques cas, que sur les caractères qui paraissent purement spéciaux. En se limitant dans un ensemble de
vignes fort semblables, comme les Hybrides-Bouschet, s'il est des
caractères qui pourraient être omis, ces caractères auront une
utilité si l'on rapporte ces hybrides aux autres cépages connus. En
énonçant pour chacun d'eux, par exemple, le caractère commun
de coloration du jus et des feuilles, il semble que l'on fasse une
répétition oiseuse, mais elle est nécessaire si l'on veut différencier
isolément l'un quelconque de ces cépages d'autres vignes non
colorées. Quand on ne considère qu'un groupe restreint de cépages,
il est moins utile de faire appel à un aussi grand nombre de caractères. C'est dans cette idée que nous avons donné, pour les Hybrides-
Bouschet, des résumés des descriptions détaillées, qui fixeront mieux
sur les caractéristiques propres et différentielles de ces vignes entre
elles, et que nous avons insisté dans un chapitre spécial (Ampélographie comparée) sur la valeur comparative des différences et des
rapports qu'ils présentent entre eux et avec les cépages dont ils
sont originaires.

D. — ROLE DES HYBRIDES-BOUSCHET DANS LA CULTURE

Le commerce, ainsi que nous le disions dans l'Historique, n'a
jamais recherché dans les vins du midi de la France, sauf de rares
exceptions, que des produits pour la consommation courante de la
plus grande partie de la population, et des produits qui permettent,
après certaines manipulations de coupage, d'utiliser les vins de
vignobles moins favorisés et d'amener l'ensemble à une qualité

(1) ALPH. DE CANDOLLE. *La Phytographie*, ou l'art de décrire les végétaux. 1880.

moyenne que demande la masse des consommateurs. Les qualités de coloration et de richesse alcoolique des vins du Midi, qu'il emploie dans ce but, lui sont nécessaires. Si le commerce ne les trouve pas dans les produits français, il n'hésite pas à les rechercher dans les pays voisins ; il n'est pas de son fait de faire œuvre de patriotisme. La production doit donc satisfaire à ces exigences.

Les Hybrides-Bouschet possèdent, presque exclusivement (Jacquez, Cynthiana, etc., exceptés), la propriété de coloration au plus haut degré ; c'est donc à eux que les viticulteurs du Midi devront surtout avoir recours. Mais pour la plupart de ces cépages, la faiblesse qui paraît devoir se maintenir dans le degré alcoolique, peut être considérée comme un titre d'infériorité. Si des restrictions, mal comprises, ne portaient obstacle à corriger ce défaut, que l'on complète en toute liberté dans les pays voisins sous le couvert de la loi française, ce ne serait pas un inconvénient. On peut cependant y porter en partie remède par le sucrage à la cuve, que nos législateurs se sont décidés à accorder récemment en franchise relative.

Les Hybrides-Bouschet ont encore une autre supériorité qui les fera toujours rechercher pour le Midi et même, dans un autre but, pour des vignobles plus septentrionaux. Il est à noter que, depuis quelques années, ce sont les vins français amenés de bonne heure sur le marché, qui se vendent aux plus hauts prix. Le commerce a toujours besoin, à ce moment, de vins nouveaux et il a à pourvoir, en outre, à des demandes qu'il ne peut souvent satisfaire par suite de l'épuisement de ses réserves. Dans la situation actuelle, il est bon aussi de précéder sur le marché les vins d'Espagne et d'Italie. La précocité dans la maturation des Hybrides-Bouschet constitue, dans ce sens, un de leurs plus précieux avantages. Ils répondent donc, à tous ces points de vue, aux conditions actuelles que doit suivre la production des vins. Par suite, leur rôle doit être important dans la reconstitution des vignobles.

Mais dans le midi de la France, plutôt que dans toute autre région, on doit produire non-seulement des vins alcooliques et colorés, mais surtout des vins en quantité. Les Hybrides-Bouschet sont certainement bien fructifères, mais s'il était des cépages qui le fussent davantage et aient en même temps leurs propriétés, on ne devrait pas hésiter à les préférer. Aucune vigne n'a la supériorité de production unie à leurs qualités propres. Il faudrait donc apporter, si possible, aux Hybrides-Bouschet un élément de plus grande abondance dans la production. Il est incontestable que dans les vignobles à terres très fertiles du midi de la France, et ce sont eux les plus importants, l'Aramon sera l'élément de quantité et conservera la place de beaucoup prédominante qu'il avait acquise. Les Hybrides-Bouschet en seront le complément dans la majorité des cas; ce n'est que dans des milieux spéciaux, dans ceux de moyenne fertilité ou peu fertiles, qu'ils prendront plus de place ; mais après l'Aramon ils seront les cépages les plus importants.

Sans rien préjuger de ce que nous dirons en étudiant chaque cépage, nous pouvons conclure, par anticipation, que la culture n'aura recours pour la production des vins qu'à un petit nombre d'Hybrides-Bouschet. Le *Petit-Bouschet* dans les terres relativement fertiles, l'*Alicante-Henri-Bouschet* dans la plupart des milieux, sauf ceux où sera isolé l'Aramon, l'*Alicante à sarments érigés* et l'*Aspiran-Bouschet* sur les coteaux et les terres de moyenne fertilité ou peu fertiles, seront seuls utilisés. Peut-être, après une étude plus approfondie, le *Grand-Noir de la Calmette* ou le *Terret-Bouschet*, pour les milieux très sujets aux gelées blanches, le *Morrastel-Bouschet à gros grains* pour les coteaux argileux ou calcaires, très peu riches, dans le Midi, et le *Muscat-Bouschet*, dans certains vignoles du Centre, seront-ils appelés à prendre quelque importance, mais pour l'instant on doit les laisser à l'étude.

AMPÉLOGRAPHIE

—

Les nombreux essais d'hybridation faits par Louis et Henri Bouschet avaient donné lieu à une quantité considérable de variétés. En
1865, Henri Bouschet disait que sa collection d'hybrides « comptait
plus de 700 jeunes vignes obtenues de 1855 à 1859 » (1). C'est
parmi ces cépages, et ceux qu'il créa plus tard, que furent notés et
soumis à l'étude d'une façon suivie les types qui paraissaient pré-
senter quelque intérêt. Ce n'est qu'à la suite d'observations, poursuivies pendant un assez grand nombre d'années, que l'élimination
des vignes défectueuses put être faite.

Nous donnons ici la liste des **Hybrides-Bouschet** qui ont été
répandus dans les vignobles ou les collections, et de tous ceux qui
ont été signalés jusqu'à aujourd'hui. Beaucoup parmi eux méritent
à peine d'être cités ; nous dirons cependant quelques mots sur la
plupart, en insistant plus spécialement sur les variétés qui ont quelque valeur, ou sur celles qui ont pu être confondues ou comparées
avec elles.

(1) *Collection de vignes à suc rouge*, obtenues par le semis, après le croisement des
cépages méridionaux avec le Teinturier, par HENRI BOUSCHET (*Bul. Soc. Agr. Hérault*,
1865, p. 41).

HYBRIDES-BOUSCHET

I. — Aramons-Bouschet

1. Petit-Bouschet.
2. Gros-Bouschet.
3. Grand-Noir de la Calmette.
4. Aramon-Teinturier-Bouschet.
5. Aramon-Bouschet N° 1.
6. Aramon-Bouschet N° 2.
7. Aramon-Bouschet N° 3.
8. Aramon-Bouschet N° 4.
9. Aramon-Bouschet N° 5.
10. Aramon-Bouschet N° 6.
11. Aramon-Bouschet N° 7.
12. Aramon-Bouschet N° 8.
13. Aramon-Bouschet N° 9.
14. Bouschet à feuilles lisses et Aramon N° 2.
15. Bouschet à feuilles lisses et Aramon N° 3.
16. Bouschet à feuilles lisses et Aramon N° 5.
17. Petit-Bouschet à gros grains.
18. Petit-Bouschet extra-fertile.
19. Bouschet précoce.
20. Bouschet à feuilles de Malvoisie.

II. — Morrastels-Bouschet

21. Morrastel - Bouschet à gros grains.
22. Carignan-Bouschet.
23. Morrastel-Bouschet à feuilles lisses.
24. Morrastel-Bouschet à petits grains.
25. Morrastel-Bouschet à feuilles lasciniées.
26. Morrastel-fleuri-Bouschet.
27. Morrastel-Bouschet à sarments érigés.
28. Morrastel-Bouschet N° 1.
29. Morrastel-Bouschet N° 2.
30. Morrastel-Bouschet N° 3.
31. Morrastel-Bouschet N° 4.
32. Morrastel-Bouschet N° 5.
33. Morrastel-Bouschet N° 6.
34. Morrastel-Bouschet N° 7.

III. — Œillades-Bouschet

35. Œillade du 1er août.
36. Œillade-Bouschet N° 1.
37. Œillade-Bouschet N° 2.
38. Œillade-Bouschet N° 4.
39. Passerille-Bouschet.

IV. — Alicantes-Bouschet

40. Alicante Henri-Bouschet.
41. Alicante-Bous' extra-fertile.
42. Alicante-Bouschet N° 1.
43. Alicante-Bouschet N° 2.
44. Alicante-Bouschet à sarments érigés.
45. Alicante-Bouschet à feuilles découpées.
46. Alicante-Bouschet à grains oblongs.
47. Alicante - Bouschet à gros grains ou à petites feuilles.
48. Alicante-Bouschet précoce ou N° 5.
49. Alicante-Bouschet tardif ou N° 6.
50. Alicante-Bouschet N° 7.
51. Alicante-Bouschet à longues grappes ou N° 8.
52. Alicante-Bouschet N° 12.
53. Alicante-Bouschet N° 13.

V. — Piquepouls-Bouschet

54. Piquepoul-Bouschet.
55. Petit-Bouschet et Piquepoul N° 2.
56. Alicante-Bouschet et Piquepoul gris N° 4.
57. Alicante-Bouschet et Piquepoul gris N° 8.
58. Alicante-Bouschet et Piquepoul gris N° 9.

VI. — Divers

59. Aspiran-Bouschet.
60. Terret-Bouschet.
61. Muscat-Bouschet.
62. Cinsaut-Bouschet.
63. Espar-Bouschet.

Nous avons groupé les HYBRIDES-BOUSCHET d'après leur origine ancestrale; c'est en suivant cette série que nous les étudierons. Les seuls qui présentent un intérêt réel, soit pour la culture, soit pour l'ampélographe, sont : PETIT-BOUSCHET, GRAND-NOIR-DE-LA-CAL-METTE, ARAMON-TEINTURIER-BOUSCHET, MORRASTEL-BOUSCHET A GROS GRAINS, CARIGNAN-BOUSCHET, ŒILLADE DU 1er AOUT, ALICANTE-HENRI BOUSCHET, ALICANTE-BOUSCHET A SARMENTS ÉRIGÉS, PIQUE-POUL-BOUSCHET, ASPIRAN-BOUSCHET, TERRET-BOUSCHET, MUSCAT BOUSCHET.

Nous avons cru utile, en commençant, tant au point de vue histo-rique que pour faciliter les comparaisons ampélographiques, de donner la description du TEINTURIER, l'ancêtre primitif de tous les *Hybrides-Bouschet*.

TEINTURIER MALE

SYNONYMES : **Teinturier, Gros noir, Plant des bois** (d'après le comte Odart). — **Teinturier mâle, Dix fois coloré, Vint-tint** (d'après M. V. Pulliat). — **Socco** (en Suisse, d'après Henri Bouschet).

DESCRIPTION

Souche peu vigoureuse, à *port* semi-érigé, *tronc* faible, *écorce* peu rugueuse, en fines lanières.

Rameaux courts, grêles ou de grosseur moyenne, amincis aux extré-mités, presque droits; d'un brun vineux, avec les nœuds plus clairs à l'état herbacé, d'un gris cendré sale, sur fond vineux, à l'aoûtement ; — *méri-thalles* courts, légèrement pruineux, à stries fines, régulières et peu pro-fondes, un peu aplatis; nœuds peu proéminents; — bois dur, à moelle dense, d'épaisseur moyenne, diaphragmes épais et convexes; le pourtour de la moelle et les diaphragmes sont colorés en rose carmin clair, à l'aoû-tement complet le reste de la partie ligneuse est roussâtre, au lieu d'être vert clair ; — *vrilles* discontinues, grêles, courtes, envinées.

Bourgeonnement fortement duveté, blanc, passant au rouge violet foncé (d'après M. V. Pulliat).

Feuilles moyennes ou plutôt petites, à peu près aussi larges que longues, peu épaisses, non coriaces, vaguement gaufrées et non tourmentées ; — tri ou quinquélobées, le plus souvent trilobées ; le lobe terminal large et obtus, les sinus latéraux supérieurs assez profonds, arrondis, très largement ouverts ; les sinus latéraux inférieurs peu profonds et étroits ; — *sinus pétiolaire* profond, en V presque fermé ; — d'un vert violacé sombre et terne à la *face supérieure* ; — à bouquets de poils aranéeux peu abondants, mais longs à la *face inférieure;* — deux séries de *dents* bien délimitées, obtuses, peu profondes, lisérées sur tout leur pourtour de rose vineux, sans mucron ; — *nervures* un peu en creux à la face supérieure, fortes et proéminentes sur le revers où les sous-nervures sont bien apparentes, fortement envinées. — *Pétiole* de longueur moyenne, grêle, enviné, formant angle droit avec le plan du limbe.

Les feuilles rougissent de bonne heure et ont, à l'automne, une teinte vineuse très foncée mais terne.

Fleurs très colorées en rouge sur toutes leurs parties ; l'ovaire est même d'un rouge vif.

Fruits. — Grappe sous-moyenne ou petite, cylindrique ou cylindro-conique, parfois un peu irrégulière, non ailée, un peu dense ; — *pédoncule* court, faible, renflé et dur, mais non ligneux à l'insertion ; il porte un renflement avec un point de cicatrisation sur lequel était fixée une vrille ou une aile assez développée ; ce caractère se retrouve sur les pédoncules de tous les Hybrides-Bouschet ; — rafle colorée en rouge vineux foncé, de même les *pédicelles* qui sont courts, à bourrelet conique et très-gros, occupant presque toute leur longueur, avec grosses verrues nombreuses et très-apparentes ; les grains s'en séparent facilement et abandonnent un gros et court pinceau avec matière colorante du rouge vineux le plus intense.

Grains de deux grosseurs, petits ou moyens, les plus nombreux moyens, sans grains verts entremêlés, globuleux ou suboblongs, assez fermes, d'un noir violacé foncé, bien luisants sous la pruine abondante ; à stigmate persistant, mais à peine apparent et sans ombilic ; — *peau* très épaisse, un peu coriace, mais très résistante, supportant une couche farineuse abondante de matière colorante ; — *pulpe* un peu charnue, à jus cependant assez abondant d'une coloration rouge noir intense, mais un peu terne, à saveur légèrement sucrée. — Graines : trois en général, assez petites, marbrées de rouge sur un fond enviné plus clair.

OBSERVATIONS

Le Comte Odart distingue, outre le TEINTURIER MALE, trois autres formes de Teinturier : le GROS NOIR FEMELLE ou BETTUE (de l'Isère), l'EGIZIANO (des vignobles de Naples), le TEINTURIER DU JURA ou PLANT DE TACHE (de l'Arbois) ou TACHAT (de l'Isère) (1), M. V. Pulliat (2) pense, sans l'affirmer, que l'Egiziano n'est que le Teinturier mâle ; il n'admet que deux formes du Teinturier : le TEINTURIER MALE ou DIX FOIS COLORÉ et le TEINTURIER FEMELLE ou CINQ FOIS COLORÉ qui ne serait que le Tachat et « le Teinturier de beaucoup d'autres vignobles », diffèrent, d'après lui, du Teinturier mâle, parce que la feuille n'arrive à la couleur rouge qu'à l'approche de la maturité, « les sarments, sans être vigoureux, le sont plus que ceux du Teinturier mâle, et ils ne sont pas comme celui-ci nuancés de rouge à l'intérieur. Le grain du raisin reste vert ou légèrement teinté de rouge violacé jusqu'au moment de la maturité ; alors le suc qu'il contient est bien moins foncé que celui du Teinturier mâle. »

Le TEINTURIER MALE, qui était cultivé dans le Centre et principalement dans l'Orléanais et le Cher, avait été essayé dans quelques vignobles du Midi de la France. On avait été obligé pour augmenter sa production de le soumettre à la taille longue ; M. Gaston Bazille avait imaginé à cet effet un système de taille spécial. Malgré cela, ce cépage rendait fort peu, sa culture n'était restée qu'à l'état d'essai. D'ailleurs, quand on le soumet à la taille longue, d'après M. V. Pulliat, il s'épuise vite. Sa valeur réside uniquement dans la coloration d'un rouge vineux, absolument intense, de son jus, dans la précocité de sa maturité (1re époque de M. Pulliat) et dans son débourrement tardif. Ce sont ces qualités que Louis et Henri Bouschet ont cherché à transmettre par l'hybridation aux cépages méridionaux. Le Teinturier ne présente qu'un intérêt historique ou de collection ; il est assez sujet à la coulure et assez attaqué par le Mildiou, quoique ce parasite ne se manifeste sur ses feuilles que par séries de ponctuations ; son vin d'une coloration intense est peu alcoolique et se dépouille de bonne heure de son excès de couleur.

(1) *Ampélographie universelle*, p. 221 à 224.
(2) *Le Vignoble*, T. II, p. 1, fig. 97.

I. ARAMONS-BOUSCHET

PETIT-BOUSCHET [1]
(Pl. 1)

DESCRIPTION

Souche vigoureuse, à *port* étalé, *tronc* fort, *écorce* en larges lanières irrégulières.

Rameaux allongés, assez forts, sinueux, avec ramifications latérales assez peu nombreuses ; — jeunes rameaux relativement amincis à la base, à cannelures assez nombreuses et assez profondes au sommet où sont disséminés de petits flocons de poils aranéeux qui tombent de bonne heure ; à peu près uniformément lavés de brun violacé sale ; le bois prend, à l'aoûtement précoce, une couleur variant du gris cannelle au rouge cannelle sombre, toujours plus foncée aux nœuds ; — *mérithalles* de longueur moyenne, aplatis, lisses, glabres, fort peu luisants, non pruineux ; à stries régulières, nombreuses et bien marquées ; bois assez dur, d'un vert clair à l'intérieur, ayant parfois une zone couleur vineuse, plus ou moins limitée et pouvant atteindre jusqu'à la moelle ; moelle assez dense, moyennement épaisse ; — *nœuds* peu saillants, à diaphragmes plans, relativement épais ; — *vrilles* discontinues, fortes, courtes, bifurquées, insérées sur un renflement.

---

(1) **Bibliographie**. — HENRI BOUSCHET. *Note sur une vigne à jus coloré.....
nommée le Petit-Bouschet* (1865, *Bullet. Soc. cent. Agr. Hérault*). — MAS et PULLIAT :
Le Vignoble. Tom. III, p. 15, Pl. 200. — ROVASENDA : *Ampélographie universelle*.

Pl. 1

A. Mared pinx.

Lith. L. Corbes, Montpellier.

PETIT - BOUSCHET

Bourgeons en général simples, gros et pointus sur le sarment, enlacés dans des poils abondants, d'un blanc roussâtre ; — *jeunes feuilles* assez peu épaisses, quinquélobées, à pourtour liséré de brun vineux ; duvet laineux blanc, abondant surtout à la face inférieure où les nervures glabres tranchent par leur teinte d'un vert clair ; le tomentum s'éclaircit vite à la page supérieure, qui est gaufrée, vert clair, luisante et estompée de brun vineux clair ; dents peu détachées, avec glandes d'un rouge vineux ; — *grappes de fleurs* d'un vert peu foncé, faiblement lavées de rose sale au sommet, avec rares bractées assez peu prononcées.

Feuilles presque grandes, aussi larges que longues, mais non orbiculaires, épaisses, peu coriaces, peu profondément trilobées, les sinus latéraux supérieurs toujours marqués et largement ouverts, les sinus latéraux inférieurs parfois faiblement indiqués ; — *sinus basilaire* profond, les deux bords tangents sur toute leur longueur et parfois se recouvrant en partie à l'extrémité sur les feuilles adultes, ouvert largement en V sur les autres ; — limbe gaufré et légèrement tourmenté ; — *face supérieure* d'un vert foncé, à reflets d'un noir violacé, terne ; — *face inférieure* d'un vert blanchâtre, avec tomentum aranéeux assez abondant ; — deux séries de *dents* larges, subaiguës et très-peu profondes, à pourtour liséré de rouge vineux clair, avec mucron plus foncé ; — *nervures* principales fortes et proéminentes à la face inférieure, d'un rouge violacé vif à la page supérieure jusque sur les branches ultimes et surtout aux points de ramifications. — *Pétiole* court, fort, glabre, d'un rouge vineux foncé terne, formant avec le plan du limbe un angle droit.

Les feuilles commencent à prendre leur coloration de bonne heure, quelque temps avant la maturité des fruits. Elles sont d'abord d'un rouge sanguin, toute la feuille devient ensuite d'un rouge vineux foncé et se détache avec cette teinte. Celle-ci débute par plusieurs points à la fois, entre les nervures principales ou au sommet des lobes ; elle ne se diffuse pas, mais progresse limitée brusquement par les sous-nervures, simulant des carrelages sur le fond vert.

Fruits. — Grappes insérées sur les rameaux à partir des deuxième et troisième nœuds ; — sur-moyennes, un peu ramassées, denses, coniques, obtuses au sommet, ailées ou simples, mais larges à la base, à cause des ramifications supérieures assez développées ; — *pédoncule* plutôt court, renflé et ligneux vers l'insertion, parfois seulement vert, mais dur, toujours renflé après la partie ligneuse, aplati et enviné au point d'attache ; rafle d'un vert sale ; — *pédicelles* longs, assez forts, violacés, à gros bourrelet conique avec verrues bien apparentes, mais peu nombreuses ; les grains s'en séparent facilement, et il reste un gros pinceau court, fortement coloré.

Grains de deux grosseurs, les plus gros sur-moyens, avec rares petits grains verts entremêlés, sphériques, d'un noir violacé foncé et luisants sous la pruine abondante, peu fermes ; à stigmate peu apparent, excentrique ; — *peau* assez épaisse, non bien résistante, supportant intérieurement une couche de matière colorante assez abondante ; — *pulpe* fondante, colorée intérieurement, à jus abondant, d'un rouge vif foncé, à saveur un peu acidulée. — *Graines :* deux et trois par grain, assez petites.

RÉSUMÉ

Souche vigoureuse, à port étalé, bois de l'année rouge cannelle. — *Bourgeonnement* très duveteux, blanc roussâtre ; jeunes feuilles quinquélobées, très tomenteuses à la face inférieure ; d'un vert clair, gaufrées et luisantes à la page supérieure. — *Feuilles* aussi larges que longues, trilobées, sinus pétiolaire étroit et profond ; nervures envinées ; face supérieure d'un vert très sombre ; assez duveteuses sur le revers. — *Grappe* sur-moyenne, conique, dense ; pédoncule dur à l'insertion ; *grains* sur-moyens, ronds, d'un noir violacé foncé, à jus abondant d'un rouge vif.

OBSERVATIONS

Origine. — Ainsi que nous l'avons déjà dit, c'est en 1824 que Louis Bouschet songea à créer des vignes à jus coloré et productives, en hybridant le Teinturier avec nos principaux cépages méridionaux. Ses premiers essais datent de 1829. « Les grappes fécondées furent l'objet d'un intérêt bien naturel. A la récolte, les grains, examinés avec soin, présentèrent ce fait curieux que, parmi les grappes des espèces méridionales noires mais à jus incolore, il s'en trouva quelques-uns à jus coloré comme ceux du *Teinturier*. Les pépins de ces raisins, mis de côté, furent semés et cultivés avec soin. En 1836, après sept années d'attente, fut recueillie la première grappe, dont les *grains* donnèrent un jus coloré. Un pépin d'*Aramon* fécondé par le *Teinturier* avait produit cette nouvelle vigne, c'était le *Petit-Bous-chet* » (1). Ainsi s'exprimait Henri Bouschet dans la première publication sur le Petit-Bouschet, faite en 1866.

Cette variété avait été multipliée dans les vignobles de l'Hérault quelque temps avant cette époque. Ceux qui furent créés avant l'invasion phylloxérique, étaient surtout peuplés par le *Petit-Bous-chet* qui, après l'*Aramon*, occupait une des plus grandes places. De l'Hérault, le Petit-Bouschet s'était répandu dans les vignes du midi de la France, en Espagne, et dans toutes les régions viticoles du bassin de la Méditerranée. On sait l'importance qu'il a acquise dans les vignobles Algériens et l'intérêt qu'on y attache dans la création des vignobles en Tunisie ; sa culture commençait à être tentée dans le centre et même dans les crus inférieurs des Côtes du Rhône.

« L'intérêt qui s'attache à cette variété ne s'arrête pas à sa propre histoire. S'il est le premier produit du croisement du *Teinturier* avec l'Aramon, il est à son tour devenu le père d'une nombreuse tribu de vignes à jus coloré, par son croisement avec le plus grand nombre des cépages méridionaux, dont les semis ont repoduit des *Grenaches*, des *Aramons*, des *Terrets*, des *Cinsauts*, des *Morrastels*, des *Œillades*, etc., à jus coloré, qui tous conservent le cachet de leur origine primitive par la coloration que le *Teinturier* leur a imprimée » (2).

Ampélographie comparée. — Le *Petit-Bouschet* a de l'*Aramon* (3) la vigueur, le port rampant, la fertilité, l'abondance du jus et la pulpe fondante ; sa production, sans être égale à celle de ce dernier cépage, est bien supérieure à celle du *Teinturier*. Comme l'Aramon et inversement au Teinturier, il produit à la taille courte.

La grappe est intermédiaire, à tous les points de vue, à celles de ses deux ancêtres. La coloration extérieure et parfois intérieure du

---

(1) Henri Bouschet : *Note sur une vigne à jus coloré ; loc. cit.*, pag. 4.

(2) H. Bouschet : *Note... loc. cit.*, p. 5.

(3) Pour faciliter les comparaisons aux viticulteurs des diverses régions viticoles, nous donnerons les principaux synonymes des ancêtres présumés ou certains de l'hybride étudié :

Synonymes de l'Aramon : *Rabalairé, Revallairé* ou *Réballairé, Plant riche, Ugni noir, Uni noir, Pisse-vin* (d'après MM. Pulliat et H. Marès).

bois et le bourgeonnement lui viennent du Teinturier ; il a conservé
de ce dernier cépage les qualités précieuses de la coloration du jus,
de la précocité dans la maturité et du retard dans le débourrement.
Quant à la feuille, elle est, comme épaisseur et dimensions relatives,
de la même nature que celle de l'Aramon ; mais, comme découpures,
tomentum, coloration à l'automne, elle se rapproche de celle du
Teinturier. Cette feuille se retrouve assez semblable par la forme,
ainsi que nous le verrons, dans beaucoup d'hybrides qui ont eu le
Petit-Bouschet comme père.

On voit qu'à ce premier degré d'hybridation aucun des caractères
des deux cépages créateurs n'a été absorbé ; il est vrai de dire que
le Petit-Bouschet a été choisi, à cause même de ses caractères,
parmi beaucoup d'autres individus, provenant de graines obtenues
par la même hybridation, sur lesquels les résultats produits étaient
peut-être inverses.

Moût et Vin. — Les vins de Petit-Bouschet sont en général
peu alcooliques ; ils ont le défaut de n'avoir aucun bouquet, aucune
finesse. Lorsque les vignes peuplées par ce cépage produisent en
grande quantité, les vins faibles, s'ils sont faits seuls, ne peuvent se conserver longtemps.

Sur les coteaux, le Petit-Bouschet fournit des produits supérieurs
comme coloration et comme alcool ; les raisins normalement mûrs
pourraient alors donner, d'après Henri Bouschet, des moûts marquant
11, 13 et 14° Beaumé et produire un vin ayant plus de qualité.

COMPOSITION DU MOÛT

	N° 1	N° 2	N° 3
Densité d'après Beaumé à 15°........	8° 24	6° 4	7° 75
Sucre, en glucose, par litre..........	126gr 659	106gr 972	118gr 303
Acidité en acide sulfurique, par litre..	6 771	8 271	7 221

Remarques. — Les analyses des N° 1, N° 2, N° 3, proviennent des récoltes
de 1884, 1885, de souches de Petit-Bouschet, greffées en 1882, sur York-
Madeira, qui avaient deux ans de plantation dans une terre franche, de fertilité moyenne, à l'École d'agriculture de Montpellier.

COMPOSITION DU VIN (Analyses de M. A. Bouffard).

	N° 1	N° 2
Intensité colorante (rapportée au vin d'Aramon)....	13^{Ar} 3	
Densité..	994.2	998.1
Alcool par litre................................	9° 5	9° 8
Acidité (en acide sulfurique) par litre.............	3^{gr} 80	5^{gr}21
Bitartrate de potasse, par litre...................	2 60	3 20
Glycérine et matières volatiles, à 100°, par litre....	12 0	9 0
Extrait sec { dans le vide à la température ordinaire.	30 0	33 0
par litre { à la température de 100°.............	28 2	30 9
Cendres { solubles	1 01	1 20
par litre { insolubles.......................	0 67	0 57
{ totales...........................	1 68	1 77

Remarques. — Ces vins proviennent des mêmes vignes de l'École d'agriculture et des récoltes de 1883, pour le N° 1, de 1884, pour le N° 2.

Culture. — Nous considérons que le Petit-Bouschet est encore un des hybrides les plus remarquables et que la place importante qu'il avait prise dans les vignobles méridionaux avant l'invasion phylloxérique, il la conservera en partie dans leur reconstitution sur cépages résistants.

Il a été beaucoup multiplié dans les vignobles plantés en terrain sableux et soumis à la submersion, car il s'adapte très-bien à ces milieux. Dans les vignobles algériens le siroco n'a pas sur lui la même influence funeste qu'il exerce sur l'Aramon. Le Petit-Bouschet est résistant à l'Anthracnose et un des cépages les moins sensibles à l'action du Mildiou. Son immunité relative pour cette dernière maladie n'est pas aussi grande qu'on l'avait d'abord présumé ; il est même, dans certaines conditions assez exceptionnelles, fortement endommagé, mais le parasite n'attaque que peu ou pas ses fruits. On peut le considérer, après l'Aramon, comme un des plus indemnes. Il est un peu sujet à la pourriture et s'égrène facilement lorsqu'il est mûr, il faut alors le cueillir promptement. Dans les plaines riches, qui sont des milieux assez propices à sa culture, ces défauts s'accusent, en outre le vin manque d'alcool et est parfois très acide. Cultivé seul, il demanderait évidemment dans ces conditions à être relevé à la cuve par une addition de sucre ; ce défaut ne serait donc pas capital, puisqu'on peut y porter remède.

4

Les grandes qualités du Petit-Bouschet sont : sa vigueur, sa conduite facile à la taille courte, son adaptation à tous les porte-greffes, sa précocité dans la maturité qui a lieu, d'après Henri Bouschet, « dix à douze jours avant l'Aramon et en même temps que la plupart des Gamays » ; son retard dans le débourrement, ses bourgeons s'épanouissent en effet à peu près en même temps que ceux de la Carignane, environ 15 jours après ceux de l'Aramon. Enfin sa valeur réside surtout dans sa fertilité et la coloration de son vin ; ainsi, d'après Henri Bouschet, il arriverait à donner, dans les terres riches et soumis à une taille développée, de 140 à 150 hectolitres à l'hectare ; dans les plaines fertiles de Saint-Sauveur, il aurait donné à M. Gaston Bazille jusqu'à 140 hectolitres à l'hectare (cité par M. Pulliat). Sur les coteaux et dans les terres de fertilité moyenne, il donne encore de bons rendements.

Le Petit-Bouschet formera encore, après l'Aramon et l'Alicante-Bouschet, un des éléments importants dans la reconstitution sur cépages résistants des vignobles de la plupart des régions viticoles du Midi de la France et même de celles du Centre-Sud, en somme de toutes les contrées où l'on a pour but la production abondante des vins colorés.

GROS-BOUSCHET

DESCRIPTION

Souche moyennement vigoureuse, à *port* étalé, *tronc* fort, *écorce* en larges lanières irrégulières.

Rameaux assez courts et assez grêles, un peu sinueux, amincis au sommet, droits, finement striés, d'un jaune sale avant l'aoûtement, ayant alors une coloration d'un rouge cannelle sur fond grisâtre, plus foncé aux nœuds ; — à *bourgeons* le plus souvent doubles et assez petits, les jeunes feuilles avec sinus pétiolaire ouvert ; — *mérithalles* moyens, nœuds peu renflés ; bois tendre, à moelle épaisse et diaphragmes plans, assez forts ; — *vrilles* discontinues, courtes, grêles, bifurquées.

Feuilles moyennes, aussi larges que longues, presque lisses, un peu creusées vers la base, très épaisses ; — tri ou quinquélobées ; le lobe terminal en losange, large en son milieu, rétréci aux deux bouts ; sinus latéraux supérieurs assez peu profonds, très-peu ouverts, sinus latéraux inférieurs peu indiqués ; — *sinus pétiolaire* profond, en V presque fermé, les deux lèvres tangentes aux extrémités ; — d'un vert foncé et un peu terne à la *face supérieure*, avec nervures lavées de rose brun clair sur toute leur longueur ; — *face inférieure* à nervures proéminentes, à tomentum aranéeux assez abondant, d'un vert blanchâtre ; — deux séries de *dents*, peu différentes, larges, peu profondes, bien délimitées, avec mucron jaune rougeâtre. — *Pétiole* court, de force moyenne, lavé de pourpre clair, inséré normalement au limbe.

Fruits. — GRAPPE presque grosse, courte et ramassée, cylindrique, obtuse au sommet, ayant rarement une petite aile ; — *pédoncule* très gros, court, inséré sur une partie ligneuse peu développée, non ligneux ensuite et un peu tendre, rafle envinée ; —

pédicelles assez longs, un peu grêles, fortement envinés, à gros bourrelet d'où les grains se détachent facilement, en abandonnant un gros et court pinceau bien coloré.

GRAINS de grosseur variable, sous-moyens ou gros, avec quelques grains verts entremêlés, d'un noir violacé, globuleux, assez peu luisants sous la pruine peu abondante, stigmate au centre d'un ombilic peu accusé ; — peu fermes, à *peau* assez épaisse ; — *pulpe* très fondante, jus abondant, d'un rouge vif, non foncé. — GRAINES grosses, au nombre de deux ou trois par grain.

OBSERVATIONS

Louis Bouschet a obtenu ce cépage en 1829 — dans les mêmes hybridations d'où est provenu le PETIT-BOUSCHET — en unissant l'ARAMON avec le TEINTURIER DU CHER. Henri Bouschet l'a signalé pour la première fois en 1866, en décrivant le Petit-Bouschet. Cette variété sans valeur est restée dans les collections. Elle a seulement un intérêt historique en ce qu'elle a été un des principaux types de croisement, dont Henri Bouschet s'est le plus servi. Elle a, entre autres, contribué à la formation de l'Aspiran-Bouschet.

Les caractères végétatifs du GROS-BOUSCHET sont presque analogues à ceux du PETIT-BOUSCHET, mais la souche est bien moins vigoureuse. Les feuilles sont remarquables par leur épaisseur, supérieure à celle de tous les Hybrides Bouschet et même de la plupart des variétés du V. VINIFERA ; la forme en losange du lobe terminal est assez spéciale à ce cépage. Les grains sont plus gros que ceux du PETIT-BOUSCHET, mais il est à noter que cette grosseur est fort variable dans la même grappe. On rencontre toujours, à côté de grains aussi gros que ceux de l'ARAMON, des grains à peine moyens ; ceux-ci sont les plus nombreux lorsque la souche se charge relativement en fruits ; les gros dominent dans le cas contraire, qui est aussi le plus général.

Ce cépage est peu fructifère, son vin peu alcoolique et sa coloration peu intense. Dans les notes manuscrites d'Henri Bouschet, nous trouvons sur le GROS-BOUSCHET « vin décoloré, sensiblement jaune, aqueux, de médiocre qualité ; cette variété ne m'a donné dans plu-

sieurs essais que de mauvais vins ». Elle n'a que le mérite de mûrir
de très bonne heure, avant le Petit-Bouschet ; sa maturité serait,
d'après Henri Bouschet, « contemporaine du PINOT DE BOURGOGNE ».
Dès que les raisins sont mûrs, ils se flétrissent rapidement. En
somme ce cépage n'a aucune valeur pour la culture et ne doit pas
être propagé.

COMPOSITION DU MOÛT

	N° 1	N° 2	N° 3
Densité, d'après Beaumé, à 15°........	9° 14	9° 6	9°
Acidité (en acide sulfurique) par litre...	5gr 59	7gr 40	5gr 92
Sucre (en glucose) par litre..........	158gr 182	161gr 596	137gr 061

Remarques. — Le N° 1 provient de raisins récoltés sur la souche la plus
âgée de *la Prade* (terrain riche d'alluvion) ; les N°ˢ 2 et 3 de raisins cueillis
à l'École d'Agriculture de Montpellier (greffes sur Taylor dans un terrain
peu fertile). Tous ces raisins étaient à un état de maturité avancée.

GRAND-NOIR DE LA CALMETTE

DESCRIPTION

Souche vigoureuse, à *port* semi-érigé, *tronc* fort, *écorce* rugueuse, en fines lanières.

Rameaux longs, de grosseur moyenne, droits ou peu sinueux, à côtes un peu prononcées, ramifications latérales peu nombreuses ; les sarments se tordent parfois vers le sommet et se retournent en revenant sur eux-mêmes ; — jeunes rameaux gros à l'insertion, aplatis et cannelés, avec poils laineux clairsemés aux extrémités, rayés par place de rose vineux sale ; — *mérithalles* à stries très-fines, mais peu profondes, un peu courts et un peu aplatis, d'un rouge gris cannelle sur fond légèrement jaune, plus foncé aux nœuds, qui sont bien renflés ; bois dur, à moelle dense et peu épaisse, coloré en vert clair ; diaphragmes très épais, un peu convexes ; — *vrilles* discontinues, longues, fortes, bi ou trifurquées, avec quelques bouquets de poils aranéeux, et colorées en rouge carmin.

Bourgeons gros, renflés et proéminents sur le sarment aoûté ; — *jeunes feuilles* assez épaisses, nettement trilobées, à lobe supérieur bien détaché ; à tomentum blanc laineux très abondant sur les deux faces et même sur le pétiole, longtemps condensé à la page inférieure, s'éclaircissant vite à la face supérieure, qui est liserée de rouge brun sur le pourtour des lobes ; dents à peine distinctes, quelques-unes avec glandes vertes ; — *grappes de fleurs* apparaissant assez tardivement, d'un rose vineux sale, avec bractées prononcées.

Feuilles grandes, un peu plus larges que longues, assez épaisses, peu coriaces ; — tri ou quinquélobées, toujours nettement trilobées, le lobe terminal large et détaché en lyre ; les sinus latéraux supérieurs assez profonds, ouverts, parfois presque tangents aux extrémités seulement ; les sinus latéraux inférieurs peu prononcés ; — *sinus pétiolaire* profond, large, en lyre, les deux lèvres tangentes au sommet; — limbe peu gaufré et tourmenté, un peu creusé vers les sinus latéraux ; — *face supérieure* d'un vert terne assez foncé, avec reflets blanchâtres; — *face inférieure* d'un vert blanchâtre, relativement tomenteuse, le duvet aranéeux régulièrement distribué ; — deux séries de *dents* bien délimitées, larges et obtuses, très peu profondes, avec mucron faiblement enviné sur un fond un peu jaune ; — *nervures* d'un vert jaune clair et lavées de rose, sur une faible étendue, aux points de départ des ramifications secondaires, assez proéminentes à la page inférieure. — *Pétiole* de force et de longueur moyennes, avec quelques flocons de poils aranéeux, d'un vert nuancé de roux, formant avec le limbe un angle peu aigu ou presque droit.

Fruits. — GRAPPES insérées à partir des troisième et quatrième nœuds ; — presque grosses, allongées, épaisses et denses, coniques, le plus souvent simples ou avec une aile petite ; — *pédoncule* court, ligneux à l'insertion, peu renflé, enviné ; rafle lavée de rouge vineux clair ; — *pédicelles* assez courts et assez petits, avec large bourrelet aplati et orné de très grosses verrues; peu adhérents aux grains, gros et court pinceau fortement enviné.

GRAINS serrés, moyens, sphériques, avec quelques grains verts entremêlés, d'un noir violacé foncé, pruine abondante ; stigmate bien apparent central ; — baie assez ferme, à *peau* assez épaisse, peu résistante mais non coriace, supportant une couche abondante de matière colorante ; — *pulpe* fondante, à saveur sucrée, jus abondant d'un rouge vineux assez foncé. — GRAINES : deux ou trois par grain, verdâtres.

RÉSUMÉ

Souche vigoureuse, à port semi-érigé, bois de l'année d'un rouge gris cannelle sur fond légèrement jaune. — *Bourgeonnement* très duveteux, blanchâtre. — *Feuilles* assez grandes, un peu plus larges que longues, peu gaufrées, trilobées, le lobe terminal en lyre ; sinus pétiolaire profond et en lyre, à sommets tangents ; face supérieure d'un vert terne assez foncé; tomenteuses sur le revers ; dents larges et obtuses, nervures légèrement envinées aux ramifications. — *Grappe* presque grosse, conique, simple ; *grains* serrés, moyens, sphériques, pruineux, jus d'un rouge vineux assez foncé.

OBSERVATIONS

Le GRAND-NOIR DE LA CALMETTE, hybride d'*Aramon* et de *Petit-Bouschet*, a été obtenu en 1855 et a fructifié pour la première fois en 1861 ; c'est un des Hybrides-Bouschet qui ont été le plus tôt et le plus répandus dans les collections. Son débourrement très tardif, sa grande vigueur, supérieure peut-être à celle de tous les autres hybrides, sa maturité assez précoce, sa production assez abondante à la taille courte, les qualités relatives de son vin — un des moins plats de tous les hybrides, mais qui vieillirait assez vite, d'après ce qu'écrit Henri Bouschet — tous ces avantages avaient fait penser à quelques viticulteurs qu'il pourrait être cultivé sur les coteaux fertiles, et aussi dans les plaines pour éviter les gelées blanches.

Le Grand-Noir de la Calmette a, au point de vue de la production, un défaut qui, d'après les quelques observations concordantes que nous avons pu recueillir, est assez grave ; il n'aurait pas une fructification soutenue et bien régulière. Sa valeur, à ce point de vue, n'égale pas celle d'autres cépages, des Alicantes-Bouschet surtout, qui, dans les milieux où le Grand-Noir de la Calmette pourrait être propagé, lui sont, en outre, supérieurs comme vin. Le Grand-Noir est un type de collection, fort intéressant par ses caractères végétatifs. Nous pensons qu'on ne l'a pas encore suivi d'assez près et assez longtemps pour préciser les services qu'il pourra rendre dans les milieux sujets aux gelées tardives.

Le GRAND-NOIR DE LA CALMETTE a conservé du *Petit-Bouschet* un peu la forme générale de la feuille, la forme et la grosseur des grains, la coloration du jus, la précocité dans la maturation ; leur maturité a lieu à la même époque. Le port est bien moins étalé ; le bourgeonnement blanchâtre est fortement tomenteux, et assez semblable à celui de l'*Aramon-Teinturier-Bouschet;* rien ne rappelle la double action de l'*Aramon* dans le *Grand-Noir de la Calmette,*

Ce cépage a de grandes ressemblances avec le *Piquepoul-Bouschet,* on peut même, à première vue, les confondre et c'est ce que l'on fait assez souvent. Les ressemblances sont telles, qu'on est en droit de se demander s'il n'y a pas eu une influence réelle du pollen du

Piquepoul-Bouschet sur le stigmate de l'*Aramon* fécondé par le *Petit-Bouschet*. Cependant les sarments du *Grand-Noir de la Calmette* sont différents de ceux du *Piquepoul-Bouschet* ; sa grappe est moins serrée et a les ramifications supérieures plus développées ; la souche est plus vigoureuse ; les feuilles plus grandes du *Grand-Noir de la Calmette* sont aussi moins finement gaufrées ; celles du *Piquepoul-Bouschet* sont en outre plus découpées ; pas de différences dans le bourgeonnement.

Les confusions que l'on a faites assez fréquemment avec le *Morrastel-Bouschet à gros grains,* ne sont nullement justifiées, car le Grand-Noir de la Calmette présente avec lui des différences nettement accusées.

COMPOSITION DU MOÛT

Densité, d'après Beaumé, à 15°............................	9° 50
Acidité (en acide sulfurique), par litre....................	4gr 76
Sucre (en glucose), —	156 50

COMPOSITION DU VIN (Analyses de M. A. Bouffard)

	N° 1	N° 2
Intensité colorante (rapportée au vin d'Aramon).	2Ar 1	2Ar 7
Densité....................................	999 4	997 0
Alcool, par litre	6° 7	8° 7
Acidité (en acide sulfurique), par litre.........	3gr 86	4gr 20
Bitartrate de potasse, —	4 34	2 94
Acide tartrique, —	0 24	0 128
Extrait sec... { dans le vide à la température ordinaire, par litre..........	19 6	24 60
{ à 100° —	17 3	20 6
Glycérine et matières volatiles à 100°, par litre..	5 4	5 0
Cendres ..... { solubles, par litre.............	1 60	1 14
{ insolubles, —	0 88	0 88
{ totales, —	2 48	2 02

Remarques. — Le moût a été fourni par des souches greffées sur Taylor en 1878 à l'École d'Agriculture (terrain marneux, peu fertile).

Le vin N° 1 nous a été fourni, en 1885, par M. Bouisset, de Montagnac ; il provient de vignes greffées en 1883 sur Riparia, Solonis et Jacquez, qui avaient alors trois ans et étaient plantées dans une plaine d'alluvion très fertile. — Le vin N° 2 a été récolté, en 1884, dans le domaine de M. de Fortanier, à Soriech (Lattes), sur des Riparias de trois ans, greffés en 1883, et plantés dans un sol très riche.

ARAMON-TEINTURIER-BOUSCHET [1]

(Pl. II)

DESCRIPTION

Souche peu vigoureuse sur la plupart des porte-greffes et dans la généralité des terrains, à *port* étalé, ou étalé buissonnant par suite de nombreuses ramifications, *tronc* assez fort, *écorce* en larges lanières irrégulières.

Rameaux peu allongés, moyens ou gros, peu sinueux, bien aplatis, s'amincissant vers l'extrémité ; ramifications secondaires nombreuses, parfois bien allongées, portant même dans certains cas des ramifications tertiaires ; — jeunes rameaux à tomentum blanc, laineux, clairsemé aux extrémités, d'où il disparaît vite, se teintant légèrement par parties de pourpre terne sur le fond vert-clair ; — le bois prend à l'aoûtement tardif une couleur d'un gris brunâtre, passant au café clair au pourtour des nœuds et à la base des sarments, avec raies parfois plus foncées sur le mérithalle;— *mérithalles* moyens de longueur ou courts, à stries vaguement délimitées, légèrement pruineux, non rugueux, mais s'excoriant de bonne heure ; nœuds larges, non bien détachés ; moelle peu épaisse, peu dense ; diaphragmes plans, épais ; — *vrilles* discontinues, fortes, peu allongées, bi ou trifurquées, d'un vert clair, portant très-souvent des grains sur les ramifications latérales.

Bourgeons très proéminents sur le sarment aoûté, larges à la base, pointus au sommet; gros au débourrement, enlacés dans des filaments nombreux, longs, d'un blanc roussâtre, avec écailles obtuses, larges, parcheminées et légèrement rosées ; — *jeunes feuilles* épaisses, à trois lobes bien accusés, des dents plus marquées indiquent même la place d'autres lobes, légèrement lavées de rose

(1) **Bibliographie**. JULES LAVIT. — *Progrès agricole et viticole*, loc. cit. 1884.

Pl. II

ARAMON - TEINTURIER - BOUSCHET

clair sur le revers (seulement sur les jeunes greffes vigoureuses) ; à
poils condensés, laineux et d'un blanc de lait sur les deux faces, ce
duvet disparaît bientôt de la face supérieure qui prend une teinte
vert clair, à peine estompée de roux et gaufrée ; la page inférieure
conserve plus longtemps le tomentum abondant entre les nervures,
qui sont glabres, très prononcées et d'un vert clair, les poils s'éclair-
cissent ensuite par agrandissement du parenchyme ; dents longues,
délimitées, glabres, vertes et à pourtour vineux roussâtre ; — l'épanouissement est lent, et les *grappes de fleurs* apparaissent tardivement, enlacées dans quelques longs poils d'un roux blanchâtre,
avec bractées longues, pointues, d'un vert sale.

Feuilles plutôt grandes, presque aussi larges que longues, épaisses et assez coriaces, parfois faiblement asymétriques, légèrement
trilobées, les deux lobes supérieurs assez peu détachés, les inférieurs indiqués par une dent plus longue, les sinus latéraux sont
dans tous les cas peu ouverts et peu profonds ; — *sinus pétiolaire*
assez profond, largement ouvert, les bords latéraux parallèles obli-
quant parfois un peu en dedans vers le sommet, découpé en U carré
et large à la base, fait constant sur les grandes feuilles adultes ; il
existe quelques différences dans la forme des sinus basilaires des
feuilles plus jeunes ou imparfaitement développées, les bords obli-
quent davantage en dehors et leur forme générale se rapproche
parfois d'un V ouvert, mais à base élargie ; — limbe plan ou à
peine tourmenté, formant peu gouttière sur la nervure centrale,
avec bords latéraux vaguement déjetés sur une faible longueur ; —
face supérieure d'un beau vert foncé et peu luisante ; — *face inférieure* d'un vert terne, blanchâtre, moyennement tomenteuse, les
poils finement aranéeux distribués sur le parenchyme, les nervures
secondaires et tertiaires ; — deux séries de *dents* très distinctes,
les unes moitié plus grosses que les autres, larges mais assez profondes, subaiguës, séparées par des sinus aigus, avec mucron peu
distinct et faiblement enviné, à pourtour liseré de jaune clair ; —
nervures fortes et très-apparentes à la page inférieure, où même
les nervures secondaires sont bien accusées, d'un vert jaunâtre
clair tranchant surtout sur le fond vert foncé de la page supérieure ;
par exception les principales, au point d'origine, les secondaires,

aux points de départ, sont à peine nuancées de roux clair sur une faible étendue. — *Pétiole* fort, assez long, glabre, un peu luisant, faiblement lavé de rose clair, formant un angle assez obtus avec le limbe.

Les feuilles commencent à prendre la coloration caractéristique des Hybrides-Bouschet fin septembre ou commencement d'octobre (Hérault). Leur teinte est d'un rouge vineux foncé et un peu luisant, se rapprochant de celle de l'*Alicante extra-fertile*. Il n'y a guère que les jeunes feuilles qui se colorent complétement. Le limbe est le plus souvent largement lavé entre les nervures principales et surtout aux extrémités des lobes. La coloration n'est pas diffuse, elle progresse par places délimitées par les sous-nervures. Les nervures principales se nuancent en dernier lieu et rarement sur toute leur longueur, mais alors elles sont nettement d'un rouge clair à leur origine. Un assez grand nombre de feuilles sèchent en prenant une légère teinte rouge sale ; en général, à leur chute, elles ont la plupart la couleur feuille morte, mais d'un rouge jaunâtre.

Fleurs adultes : grosses, très luisantes, d'un vert clair uniforme ; — *étamines* à gros filet et grosses anthères ; — urcéoles du *disque* cachées sous l'ovaire, petites, aplaties, d'un vert clair et peu voyantes ; — *ovaire* en bouteille, à style détaché et assez long, stigmate entier, peu capité.

Fruits. — Grappes insérées dès le premier nœud du sarment, le plus souvent à partir des deuxième et troisième ; jusqu'au nombre de trois et quatre sur le même sarment, portées parfois par les ramifications secondaires, de même par les rameaux venus sur vieux bois ; — très-grosses, volumineuses, allongées, ramifications supérieures assez longues, le plus souvent une aile à tige longue et grêle, mais relativement peu développée ; tronc-coniques ou coniques, lâches ; — *pédoncule* moyennement allongé, vert clair, tendre et cassant comme la rafle, surtout après le renflement sur lequel l'aile s'insère ; — *pédicelles* moyennement allongés, un peu grêles, à gros bourrelet délimité et élargi, d'un vert clair avec grosses verrues peu nombreuses, les grains s'en séparent assez facilement et laissent adhérent un gros pinceau coloré en rouge vineux foncé.

GRAINS gros ou très-gros, globuleux ou légèrement ovoïdes, un
peu luisants en dessous de la pruine peu abondante, d'un noir violacé foncé, légèrement rosés avant la maturité complète, peu fermes,
à stigmate persistant et un peu excentrique ; — *peau* fine, peu résistante ; — *pulpe* fondante, à jus très-abondant, coloré en rouge
vineux assez foncé et brillant. — GRAINES : de une à trois par grain,
grosses.

RÉSUMÉ

Souche peu vigoureuse, à port étalé, bois de l'année d'un gris brunâtre.
— *Bourgeonnement* blanchâtre, duveteux ; jeunes feuilles trilobées, avec
tomentum laineux blanc à la face inférieure, d'un vert gai à la face
supérieure. — *Feuilles* plutôt grandes, presque aussi larges que longues,
3 sublobées, à sinus pétiolaire assez profond, en U carré ; nervures d'un
vert jaunâtre clair ; face supérieure d'un beau vert foncé ; face inférieure
d'un vert blanchâtre, avec tomentum aranéeux peu abondant. — *Grappe*
très-grosse, tronc-conique, lâche, à rafle et pédoncule vert clair et cassants ;
grains gros, globuleux, d'un noir violacé foncé, à peau fine, pulpe fondante,
à jus d'une couleur rouge vineux foncé et brillant.

OBSERVATIONS

Origine. — Nous n'avons aucune donnée précise sur l'origine de
l'ARAMON-TEINTURIER-BOUSCHET, car Henri Bouschet n'a laissé
aucune note sur cette création. On ne peut donc affirmer quels sont
ses ancêtres, on ne peut que les présumer sur des comparaisons
ampélographiques.

Henri Bouschet avait retrouvé, en 1880, dans sa vigne de *la Prade*,
où sa collection avait été transportée lorsque le phylloxera mena-
çait de l'anéantir à *la Calmette*, une souche chétive — et qui n'a jamais
été bien vigoureuse — située à l'extrémité d'une parcelle qui était
composée surtout d'*Aramon-Bouschet N° 1* et d'*Aramon-Bouschet
N° 2*. Le fruit lui avait paru remarquable par ses dimensions et sa
coloration, et il avait fait, quelque temps avant sa mort, des greffes
de cette variété. C'est sous le nom d'ARAMON-TEINTURIER-BOUSCHET
que ses fils, MM. Joseph et Gabriel Bouschet, ont commencé à la
répandre en 1882. L'Aramon-Teinturier-Bouschet ne peut donc
exister qu'en petit nombre, depuis trois ans au plus, dans quelques
vignobles du midi de la France.

L'ARAMON-TEINTURIER-BOUSCHET a des caractères propres qui permettent de le dintinguer facilement, non-seulement d'autres Hybrides-Bouschet, mais de tout autre cépage connu. Le nom d'Aramon-Teinturier-Bouschet s'applique donc à quelque chose de défini ; on ne peut le critiquer à ce point de vue. Mais le nom d'*Aramon*, qui suppose comme ancêtre notre principal cépage languedocien — comme les noms attribués aux autres hybrides par Henri Bouschet indiquent le plus souvent les cépages dont ils sont originaires — repose-t-il sur des comparaisons, sinon absolues, tout au moins possibles ? Il serait d'abord permis de répondre à certaines critiques, faites dans ce sens, que pour toute création d'une nouvelle variété de n'importe quelle plante, l'auteur donne, de droit, le nom qu'il lui plaît de choisir ; ce n'est qu'une simple étiquette qu'il a seulement à faire adopter par l'usage. Sans tenir compte de ces considérations, d'ailleurs sans grande valeur dans la discussion présente, les rapports de l'Aramon-Teinturier-Bouschet avec l'Aramon nous paraissent certifiés par la comparaison des caractères végétatifs.

Ampélographie comparée. — Le port de l'ARAMON-TEINTU-RIER-BOUSCHET est rampant comme celui de l'ARAMON, mais plus rameux. Le bourgeonnement de ce dernier cépage, d'après M. V. Pulliat (1), est « couvert d'un duvet blanc, une légère teinte rosée s'étend sur le revers de la feuille naissante » ; il en est de même pour l'Aramon-Teinturier-Bouschet, les bourgeons sont seulement plus tomenteux. Cette différence dans le tomentum, quoique faible dans tous les cas, se retrouve aussi sur la feuille adulte; mais, ainsi que le dit M. H. Marès, « l'Aramon n'a pas, sous le rapport de la villosité, une feuille dont les caractères soient bien fixes (2) » ; il a observé, en effet, une forme d'Aramon à feuilles aussi cotonneuses que celles de la Clairette.

La forme générale des feuilles des deux cépages que nous considérons est très semblable ; les dimensions relatives sont les mêmes ; la feuille de l'Aramon-Teinturier-Bouschet est un peu plus épaisse,

(1) *Le Vignoble*, tom. 1, p. 105.
(2) *Les vignes du midi de la France*. Livre de la Ferme, t. II, p. 172.

d'un beau vert et non d'un vert gai, le sinus basilaire ouvert en U et non en V ; mais les nervures restent vertes, elles sont rosées ou d'un rouge vineux dans la plupart des hybrides d'Aramon, excepté cependant dans l'*Aramon-Bouschet N° 5* et l'*Aramon-Bouschet N° 7*, dont les caractères sont bien différents de ceux de l'Aramon-Teinturier-Bouschet. Les découpures sont à peine un peu plus accusées que sur l'Aramon ; mais le Petit-Bouschet, dont la parenté avec l'Aramon ne peut être contestée, a les feuilles bien plus sinuées.

Les différences dans les feuilles avec l'*Aramon-Bouschet N° 1*, avec lequel on a voulu confondre l'Aramon-Teinturier-Bouschet, sont très tranchées comme forme générale, épaisseur et villosité. L'Aramon-Bouschet N° 1 a un peu plus de rapports avec l'Aramon ; son sinus pétiolaire est en V, les nervures sont teintées de brun rosé, les jeunes feuilles peu tomenteuses et lavées de roux luisant à la face supérieure qui est glabre ; la teinte de la face supérieure est des plus foncées en vert.

Les différences de la grappe de l'Aramon avec celle de l'Aramon-Bouschet N° 1 sont relativement grandes, insignifiantes avec celle de l'Aramon-Teinturier-Bouschet. En effet, celui-ci a non seulement un pédoncule et une rafle fragiles, mais la forme de cette grappe, la grosseur, la forme et l'espacement des grains, la constitution de la peau et de la pulpe sont comparables. Les grains des deux cépages se colorent de la même façon, en rouge clair, avant la maturité et, par suite de leur grande fertilité, on trouve, dans les deux cas, plusieurs grappes insérées sur le même sarment à partir du premier nœud et fructifères les repousses sur vieux bois.

On voit que les relations de l'Aramon-Teinturier-Bouschet avec l'Aramon sont bien plus intimes que celles même du Petit-Bouschet avec l'Aramon, celles de l'*Alicante-Bouschet à sarments érigés*, et en général des *Alicantes-Bouschet*, avec l'Alicante, etc.

Il est donc permis d'admettre que l'Aramon a joué un rôle important dans la création de l'Aramon-Teinturier-Bouschet. Si nous supposons, avec beaucoup de probabilité encore, qu'Henri Bouschet s'est servi, pour l'obtenir, d'une hybridation au deuxième degré, faite par le Petit-Bouschet, l'Aramon-Teinturier-Bouschet n'aurait conservé de ce dernier que la coloration des feuilles qui se manifeste, à l'automne, dans le même ton et de la même façon, et la coloration de son jus. On observe bien parfois des cas de rougissement de feuilles d'Aramon, surtout lorsque ce cépage se trouve dans des conditions défectueuses de végétation, sur des greffes mal soudées par exemple, mais ils ne sont ni de même nature, ni de même aspect que la coloration normale des Hybrides-Bouschet.

Moût et vin. — Le moût des analyses ci-dessous provient de vignes greffées sur Taylor, York-Madeira ou Solonis, âgés de 5 et 6 ans, et à leur deuxième production (1885), dans une terre assez fertile (rouge, caillou-teuse), de M. J. Lavit (Canet). — Le vin N° 1 nous a été fourni, en 1885, par M. Bouisset (Montagnac); il a été produit par des vignes greffées, en 1883, sur Riparia, Solonis et Jacquez, qui avaient trois ans au moment du greffage et étaient plantés dans une plaine d'alluvion très fertile. Le vin N° 2 a été récolté en 1884, dans le domaine de M. de Fortanier (Soriech-Lattes), sur des Jacquez de deux ans, greffés en 1884 et plantés dans un sol très riche.

Il est à noter que la faiblesse alcoolique du vin N° 1 (4°) *peut* être due, pour la plus grande part, à l'action du mildiou, qui a été très intense sur les vignes qui l'ont produit; celle du vin N° 2 *pourrait* être normale, puisque on a fait le vin avec des raisins récoltés l'année même du greffage, cinq mois après cette opération.

COMPOSITION DU MOÛT

Densité, d'après Beaumé, à 15°...........................	6° 10
Sucre (en glucose), par litre...............................	124^{gr}042
Acidité (en acide sulfurique), par litre.....................	7 16

COMPOSITION DU VIN (Analyses de M. A. Bouffard)

	N° 1	N° 2
Intensité colorante (rapportée au vin d'Aramon)...	2^{Ar}3	3^{Ar}80
Densité......................................	999 4	1000 00
Alcool, par litre...............................	4°	6°8
Acidité (en acide sulfurique), par litre............	5^{gr}10	4^{gr}68
Bitartrate de potasse, —	3 31	3 60
Acide tartrique, —	156	0 130
Extrait sec .... { dans le vide à la température ordinaire, par litre.......	24 8	26 00
à 100° —	21 1	21 8
Glycérine et matières volatiles à 100°, par litre....	7 0	8 4
Cendres .... { solubles, par litre.........	2 92	1 74
insolubles, —	0 86	0 96
totales, —	3 78	2 70

Culture. — L'Aramon-Teinturier-Bouschet débourre 15 à 20 jours après l'Aramon et mûrit ses fruits à peu près 10 jours avant. En outre de ces deux qualités fort précieuses, sa grande fertilité, sinon supérieure du moins presque égale à celle de l'Aramon, et la coloration de son vin semblaient en faire, dans les conditions actuelles de la production, un cépage de première valeur; on pouvait le considérer comme l'égal de l'Aramon, avec la coloration en plus. On comprend qu'Henri Bouschet ait vu dans ce cépage la création la plus parfaite qu'il eût obtenue ; on s'explique aussi l'enthousiasme des premiers viticulteurs qui l'ont cultivé. L'Aramon-Teinturier-Bouschet tiendra-t-il toutes ces belles promesses ? Malheureusement les faits ne paraissent pas le démontrer ; il est vrai qu'ils ne sont ni assez nombreux, ni assez anciens, pour que l'on puisse actuellement en tirer une conclusion absolue. Ils semblent démontrer cependant, qu'au lieu de multiplier ce cépage en grande quantité, comme certains viticulteurs se proposaient de le faire, il faut l'étudier de près encore assez longtemps et avec quelque défiance.

En effet, l'Aramon-Teinturier-Bouschet est sujet au grillage et à la pourriture, mais pas plus que l'Aramon ; ce ne serait donc pas un défaut grave, ni, dans certaines conditions, sa prédisposition à la coulure, qui n'est jamais bien grande. Le Mildiou produit des effets autrement importants que sur l'Aramon, qui ne lui a certes pas communiqué sa résistance relative. Les fruits en souffrent rarement et, quoique son feuillage ne soit pas atteint aussi fortement que celui de la Carignane ou du Jacquez par exemple, et même que celui du *Terret-Bouschet*, on peut le considérer comme un des plus sensibles. Ce parasite l'attaque sous forme de larges plaques ou de taches limitées ; il développe sur le parenchyme une teinte plus claire que celle que prennent les feuilles à l'automne, contrairement à ce qui a lieu par exemple pour l'*Aspiran-Bouschet*. On peut espérer cependant que l'on se trouve actuellement en possession de moyens de défense efficaces contre le Peronospora.

Le plus sérieux reproche que l'on puisse adresser à l'Aramon-Teinturier-Bouschet — et nous le considérons avec beaucoup de viticulteurs comme très grave — c'est qu'il ne conserve pas sa vigueur primitive. Il paraît se rabougrir, du moins dans les vignobles et sur les porte-greffes (Jacquez, Solonis, Riparia, York-Madeira...), où

5

nous l'avons observé, au bout de la deuxième et de la troisième année de production. La première année les pousses sont très vigoureuses, mais le bois s'aoûte mal. A la deuxième année, première année de fructification, la récolte est énorme, les grappes sont belles et bien garnies ; les sarments sont déjà courts, les ramifications secondaires et tertiaires nombreuses, le bois s'aoûte tard et mal. Le rabougrissement persiste à la troisième feuille, les sarments sont courts et court-noués, les grappes sont moins grosses et moins garnies, il y a beaucoup de grappillons. Le cep paraît buissonnant, et quand le Mildiou a agi, il offre, à l'automne, avec ses sarments rameux, à moitié verts et rabougris, le plus triste aspect. On conçoit les quelques doutes que nous émettions tout à l'heure sur le rôle que doit jouer ce cépage dans la reconstitution des vignobles.

Ce rabougrissement est-il originel, ou provient-il d'un fait de non adaptation au greffage ? Il n'est pas inadmissible que l'on n'ait pas encore trouvé le porte-greffe de l'Aramon-Teinturier-Bouschet ! Nous l'avons vu cependant sur des cépages américains assez variés, dans des milieux riches ou dans des terres ordinaires et fortement fumées. La constance assez générale des faits semblerait prouver que le rabougrissement est originel. On avait bien observé que l'Aramon offrait, dans des sols variables, un décroissement progressif dans sa vigueur primitive, mais ce n'était que l'exception ; dans ce cas, les souches finissaient par arriver à un degré de dépérissement tel, qu'il fallait se résoudre à les remplacer. On a pu enfin supposer, et avec raison, que l'excès de fertilité était la cause du rabougrissement. On a essayé, dans ce sens, de supprimer une partie des fruits, le peu de vigueur et le mauvais aoûtement, quoique moins prononcés, n'ont pas moins persisté. Il serait regrettable que ce défaut capital de manque de vigueur ne permette pas de tirer de ce cépage, dont les qualités de fructification et de vinification seraient parfaites pour le midi de la France, le parti qu'on avait droit d'en attendre.

En supposant que les faits que nous rapportons ne se confirment pas — ce dont nous doutons — l'Aramon-Teinturier-Bouschet ne devrait être cultivé que dans les plaines très-fertiles. Il demanderait la taille courte et de riches cultures, et pourrait être propagé dans tous les vignobles où l'on recherche plutôt la quantité que la qualité.

ARAMON-BOUSCHET N° 1

DESCRIPTION

Souche assez vigoureuse, à *port* rampant, *tronc* assez fort, *écorce* rugueuse, en fines lanières.

Rameaux longs, forts, un peu sinueux, avec ramifications latérales assez peu nombreuses ; nuancés à l'état herbacé de brun vineux sur les parties exposées à la lumière ; d'un brun cannelle, plus foncé aux nœuds, à l'aoûtement ; — *mérithalles* moyens, à stries assez profondes, bien délimitées, lisses, un peu luisants, nœuds renflés ; moelle épaisse, lâche ; bois assez dur, nuancé de rose vineux clair ; diaphragmes larges, méniscoïdes ; — *vrilles* discontinues, courtes, grêles, bifurquées.

Bourgeons gros et larges sur le sarment aoûté ; — *jeunes feuilles* minces, presque entières, à tomentum laineux blanc, peu abondant à la page inférieure et s'éclaircissant assez vite ; la face supérieure devient de bonne heure glabre et très-luisante, colorée uniformément et longtemps en brun roux assez foncé ; dents obtuses et longues, avec la pointe d'un rouge vineux brillant.

Feuilles moyennes ou sur-moyennes, un peu plus longues que larges, assez épaisses, coriaces, lisses ou vaguement gaufrées, liserées à la base et surtout au fond des sinus de rose vineux clair ; — entières ou légèrement trilobées, les lobes latéraux toujours indiqués ; les sinus latéraux supérieurs larges, peu profonds et ouverts ; *sinus pétiolaire* en V profond et peu ouvert, beaucoup de feuilles adultes ont même les bords tangents, ce qui donne au limbe une forme un peu en gouttière ; — *face supérieure* glabre, d'un vert assez peu foncé et légèrement luisante ; — *face inférieure* d'un vert terne, avec tomentum peu abondant, aranéeux sur le parenchyme, en bouquets roides sur les nervures principales et secondaires, parfois même sur les sous-nervures ; — deux séries de *dents* larges, obtuses, peu profondes et non bien délimitées ; — *nervures* lavées à la page supérieure, sur presque tout leur parcours et surtout aux points de ramification et à leur origine sur le pétiole, de rose vineux clair ; très-proéminentes et teintées par places sur le revers. — *Pétiole* fort, de longueur moyenne, nuancé de rose vineux clair, formant un angle très-obtus avec le plan du limbe.

Fruits. — Grappes insérées à partir des deuxième et troisième nœuds ; — presque grosses, cylindro-coniques, un peu courtes, assez denses, avec ramifications latérales un peu lâches à la base, et une aile le plus souvent développée ; — *pédoncule* plus gros et aplati à son insertion, herbacé ou fixé sur une partie ligneuse peu longue, à laquelle succède un renflement fragile comme le reste de la rafle qui est d'un jaune verdâtre clair ; — *pédicelles* allongés, grêles, d'un vert clair ; avec bourrelet conique assez gros, orné de quelques grosses verrues, assez souvent enviné ; les baies y sont peu adhérentes et abandonnent un gros et court pinceau teinté de rouge vif.

Grains assez serrés, avec quelques grains verts entremêlés ; de deux grosseurs, sur-moyens ou presque gros, quelques-uns sous-moyens, sphériques, d'un noir violacé assez foncé, avec pruine peu abondante ; stigmate excentrique dans un ombilic peu accusé ; — peu fermes, à *peau* fine ; — *pulpe* fondante, jus abondant, coloré en rouge vif assez foncé. — Graines : deux ou trois par grain, assez souvent teintées de rouge.

RÉSUMÉ

Souche assez vigoureuse, à port rampant, bois de l'année d'un brun cannelle, plus foncé aux nœuds. — *Feuilles*, jeunes : minces, glabres, luisantes, et nuancées de roux à la page supérieure ; — adultes : sur-moyennes, liserées au fond des sinus de rose vineux clair, presque entières, sinus pétiolaire en V profond et peu ouvert ; d'un vert foncé à la face supérieure, avec nervures d'un rose vineux, d'un vert terne à la face inférieure. — *Grappe* presque grosse, souvent ailée, cylindro-conique, à pédoncule et rafle tendres ; *grains* assez serrés, sphériques, peu pruineux, d'un noir violacé, jus abondant d'un rouge vif.

OBSERVATIONS

L'Aramon-Bouschet N° 1 provient d'un croisement fait en 1855 entre l'Aramon et le Petit-Bouschet. Henri Bouschet en observa les premiers fruits en 1865; sa production l'avait frappé en 1869, et il écrit dans ses notes : « j'ai cherché à multiplier beaucoup cette variété à cause de la grosseur de ses grains et de sa grappe »; il ajoute ailleurs : « variété sujette à la coulure.».

Ce cépage a dû être propagé sous le nom simple d'*Aramon-Bouschet;* il existe dans une certaine proportion dans quelques vignobles et aussi dans des plantations assez anciennes de Petit-Bouschet. Nous venons de dire, au sujet de l'Aramon-Teinturier-Bouschet, quels sont les caractères qui l'en distinguent et les relations que l'on peut établir avec ses deux ancêtres, l'Aramon et le Petit-Bouschet. nous n'y reviendrons pas.

L'Aramon-Bouschet N° 1, peu attaqué par le mildiou, est bien fructifère et à maturité précoce; il a les grappes et les grains un peu plus gros que ceux du Petit-Bouschet. Il est assez vigoureux et donne à la taille courte, surtout dans les milieux riches. Il a le défaut de couler; Henri Bouschet avait déjà noté ce fait, que nous ont signalé plusieurs viticulteurs et que nous avons observé.

Parmi les Aramons-Bouschet c'est une des variétés qui auraient le plus de valeur, mais le Petit-Bouschet lui est encore préférable; elle pourrait avoir un intérêt dans les terres fertiles, où ce dernier est cultivé de préférence, mais nous ne pensons pas qu'elle doive l'y remplacer.

Composition du Moût

Densité, d'après Beaumé, à 15°........................... 10°
Sucre (en glucose), par litre.......................... 153gr06
Acidité (en acide sulfurique), par litre.................... 8gr85

5*

COMPOSITION DU VIN (Analyses de M. A. Bouffard)

Intensité colorante (rapportée au vin d'Aramon)............	3^{Ar}
Densité..	999 4
Alcool, par litre......................................	9°
Acidité (en acide sulfurique), par litre................	5^{gr} 30
Bitartrate de potasse, —	3 51

Extrait sec......
- dans le vide à la température ordinaire, par litre.................   26   0
- à 100°   —   22   7

Glycérine et matières volatiles à 100°, par litre..............   7   0

Cendres........
- solubles, par litre....................   1   42
- insolubles,   —   ....,........   0   83
- totales,   —   2   25

L'analyse du moût a été faite sur des raisins cueillis bien mûrs à l'École d'Agriculture de Montpellier ; le vin nous a été fourni par M. Bouisset, de Montagnac ; mêmes conditions de sol et de porte-greffe que pour le Grand-Noir de la Calmette.

ARAMON-BOUSCHET N° 2

DESCRIPTION

Souche assez peu vigoureuse, à *port* couché, *tronc* assez fort, *écorce* rugueuse, en larges lanières irrégulières.

Rameaux assez courts, de grosseur moyenne, peu sinueux, d'un vert sale à l'état herbacé, d'un gris vineux, avec nuances brunes au pourtour des nœuds, à l'aoûtement ; — *mérithalles* courts, aplatis, non pruineux, rugueux, s'excoriant facilement ; nœuds peu apparents ; bois ferme, à moelle lâche et abondante, diaphragmes épais et plans ; — *vrilles* discontinues, courtes, bifurquées, estompées de brun pourpré. — *Bourgeons* gros et courts, à jeunes feuilles colorées en brun roussâtre.

Feuilles moyennes, un peu plus larges que longues, épaisses, coriaces et un peu cassantes, formant une gouttière peu prononcée et un peu bullées ; — quinquélobées, le lobe terminal large à la base et triangulaire ; les sinus latéraux supérieurs peu profonds, largement ouverts, les inférieurs peu marqués ; — *sinus pétiolaire* ouvert, en V à base un peu élargie ; — *face supérieure* d'un vert assez foncé et presque terne; — *face inférieure* d'un vert blanchâtre, peu tomenteuse, avec quelques poils roides sur les *nervures* qui sont proéminentes et envinées à la page supérieure ; deux séries de dents larges à la base et acuminées. — *Pétiole* long, moyen de force, pourpré, inséré à angle peu obtus sur le limbe.

Fruits. — GRAPPE presque grosse, allongée, cylindrique ou tronc-conique, obtuse au sommet, les ramifications latérales un peu développées à la base, ayant assez rarement une petite aile ; — *pédoncule* fort, de longueur moyenne, tendre, lavé de rouge brun clair, rafle cassante ; — *pédicelles* assez longs, un peu grêles, d'un jaune clair, à gros bourrelet conique, fortement verruqueux, sur-

montés d'un court pinceau rouge vineux, après la séparation facile
de la baie.

GRAINS peu serrés, de deux grosseurs, moyens ou petits, avec
grains verts entremêlés, globuleux ou un peu discoïdes, peu luisants
sous la pruine peu abondante, stigmate dans un ombilic peu indiqué ; — assez peu fermes, à *peau* peu épaisse, peu élastique ; —
pulpe fondante, jus assez abondant, coloré en rouge vineux. —
GRAINES : deux et trois assez grosses.

OBSERVATIONS

L'ARAMON-BOUSCHET N° 2, résultat d'une hybridation faite en 1855
entre le *Bouschet à feuilles lisses* et l'Aramon, et dont Henri Bouschet a observé les fruits pour la première fois en 1867, est souvent
confondu avec l'Aramon-Bouschet N° 1. On les trouve souvent
mélangés et ils ne présentent pas d'ailleurs de grandes différences ;
on a voulu aussi confondre cette variété avec l'Aramon-Teinturier-
Bouschet.

Les feuilles de l'Aramon-Bouschet N° 2 sont relativement plus
longues que celles de l'Aramon-Bouschet N° 1 ; elles sont plus
découpées, plus foncées et moins luisantes à la face supérieure,
le sinus pétiolaire en V est à base plus élargie, les nervures sont
aussi envinées. Les grains sont plus petits que ceux du Petit-Bouschet, avec lequel il a beaucoup de points de ressemblance, et le
jus a à peu près la même teinte.

La production de cette variété est inférieure à celle du Petit-
Bouschet et aussi à celle de l'Aramon-Bouschet N° 1, quoique ses
grappes soient peut-être plus nombreuses ; elle coule en outre
constamment et parfois beaucoup. L'Aramon-Bouschet N° 2 est
sans aucune valeur et doit être éliminé avec soin de tous les
vignobles où il existe.

ARAMON-BOUSCHET N° 3

L'ARAMON-BOUSCHET N° 3 a beaucoup d'analogie par les caractères végétatifs avec le Petit-Bouschet. La coloration de son jus
est un peu plus intense, il mûrit aussi tôt, mais il est moins fructifère, quoiqu'il ne soit pas sujet à la coulure. La grappe a la
grosseur de celle du Petit-Bouschet, les grains sont un peu plus
petits et bien pruinés ; les feuilles presque entières, à nervures
envinées, un peu plus découpées que celles de l'Aramon-Bouschet
N° 1, moins que celles du Petit-Bouschet. Ce cépage est sans aucun
intérêt pour la culture.

ARAMON-BOUSCHET N° 5

L'ARAMON-BOUSCHET N° 5 est très-peu fructifère, ses grappes
courtes et petites coulent beaucoup. Les grains normaux sont plus
gros que ceux du Petit-Bouschet et atteignent presque les dimensions des baies de l'Aramon-Teinturier-Bouschet, dont ils ont
la forme et la couleur du jus ; la chair est seulement un peu pul-
peuse, la peau épaisse et coriace. Certains caractères de la feuille
se rapprochent de ceux de l'Aramon-Teinturier-Bouschet ; les nervures restent vertes, mais elles sont très-proéminentes et garnies
de poils courts et très-roides à la face inférieure, qui est glabre
sur le parenchyme et d'un vert clair. Les feuilles de l'Aramon-
Bouschet N° 5 sont en outre finement gaufrées, nettement quinquélobées, le lobe inférieur en lyre, à sinus pétiolaire en V aigu
un peu ouvert, d'un vert foncé à la face supérieure. On ne peut donc
faire aucune confusion entre ce cépage, qui n'a pas de valeur, et
l'Aramon-Teinturier-Bouschet.

ARAMON-BOUSCHET N° 6

Variété sans valeur, car elle est peu fructifère, coule beaucoup, et a des grains petits, à jus rouge d'une nuance peu foncée.

Les feuilles sont grandes, gaufrées, trilobées, à lobe terminal peu détaché en lyre, les sinus latéraux larges ; le sinus pétiolaire en U ouvert, assez analogue à celui de l'Aramon-Teinturier-Bouschet, mais les nervures sont envinées sur tout leur parcours ; la face supérieure est d'un vert foncé, la face inférieure à tomentum aranéeux.

ARAMON-BOUSCHET N° 7

Cépage très peu fructifère et coulant beaucoup ; il ne reste parfois que quatre et cinq grains par grappe. Les grains moyens, sphériques, bien pruinés, et de la grosseur de ceux du Petit-Bouschet, sont à jus moins coloré. Nous n'aurions pas même cité cette forme, si sa feuille n'avait quelques analogies avec celle de l'Aramon-Teinturier-Bouschet. Les feuilles moyennes sont à peine trilobées, à sinus pétiolaire en V évasé et un peu arrondi à la base, finement gaufrées ; les nervures restent vertes comme celles de l'Aramon-Teinturier-Bouschet ; le limbe prend tardivement la coloration rouge vineux.

ARAMON-BOUSCHET N° 8

L'ARAMON-BOUSCHET N° 8 est une des variétés d'Aramons-Bouschet dont les feuilles commencent à prendre le plus tôt la teinte
rouge vineux, et chez lesquelles elle s'accuse le plus. Ces feuilles
sont nettement quinquélobées, un peu en gouttière, à cause du sinus
pétiolaire, qui est en V profond et fermé. Les ceps produisent un
assez grand nombre de grappes, qui coulent régulièrement et beaucoup ; les rares grains qui arrivent normalement à maturité sont
sur-moyens, bien pruinés, sphériques ou sub-ovoïdes, à jus coloré.
L'Aramon-Bouschet N° 8 n'offre pas le moindre intérêt.

ARAMON-BOUSCHET N° 9

Les caractères ampélographiques de l'ARAMON-BOUSCHET N° 9
sont à peu près identiques à ceux du Petit-Bouschet. Les feuilles
sont un peu plus découpées, la grappe et les grains plus petits ; la
coloration du jus a la même intensité de teinte. Ce cépage, quoique
nouant bien ses fruits et assez fructifère, n'égale pas le Petit-Bouschet ; il ne doit donc être aucunement recherché.

PETIT-BOUSCHET A GROS GRAINS

Les grains de cette variété, d'un noir foncé à l'extérieur et non
pruinés, sont plus gros que ceux du Petit-Bouschet type, mais elle
est moins fructifère et à maturité tardive ; en outre, le jus n'est pas
coloré. Elle ne mérite donc aucune attention.

PETIT-BOUSCHET EXTRA-FERTILE

Les souches de cette variété supposée, que nous avons étudiées, nous ont paru n'avoir absolument aucune différence dans leurs caractères avec celles du Petit-Bouschet type. Elles étaient réellement très fructifères ; nous pensons que ce ne sont que des individus provenant de boutures sélectionnées. Elles ne constituent donc pas une variété caractérisée et distincte du Petit-Bouschet.

BOUSCHET PRÉCOCE

Nous ne pouvons, pour ce cépage, que citer textuellement quelques notes d'Henri Bouschet qui s'exprime ainsi : « Je ne connais pas l'origine de cette variété ; elle mûrit après l'Œillade du 1er août, mais 8 à 10 jours avant le Gros-Bouschet. Elle ne m'a jamais paru fertile ; en 1865 elle s'est chargée de fruits raisonnablement. »

II. MORRASTELS-BOUSCHET

MORRASTEL-BOUSCHET A GROS GRAINS

DESCRIPTION

Souche vigoureuse, à *port* étalé, *tronc* fort, *écorce* rugueuse, en lanières assez fines.

Rameaux longs, assez forts, cylindriques, peu sinueux et peu ramifiés, peu pruineux; —jeunes rameaux avec flocons de poils assez nombreux sur les extrémités, largement cannelés, d'un jaune vert clair, lavés de pourpre sur les parties exposées à la lumière ; d'un gris sale sur fond jaune, coloration uniforme sur toute la longueur à l'aoûtement; — *mérithalles* assez courts, lisses, à stries fines, à peine apparentes ; nœuds peu renflés ; moelle épaisse, peu serrée ; bois assez dur, diaphragmes larges, presque plans ; — *vrilles* discontinues, fortes, assez allongées, bi ou trifurquées.

Bourgeons larges, aplatis, peu proéminents sur le sarment aoûté; — *jeunes feuilles* peu épaisses, nettement trilobées, à tomentum blanc assez abondant sur un fond vert jaune ; le duvet s'atténue vite à la page supérieure, qui prend une teinte d'un vert-jaunâtre clair, légèrement nuancée de roux, il persiste assez abondant sur le revers, où les nervures proéminentes sont jaunâtres ; dents détachées, glabres, vertes et luisantes.

Feuilles grandes, aussi larges que longues, légèrement asymétriques, assez épaisses, lisses et coriaces ; tri ou quinquélobées, les sinus latéraux supérieurs profonds et étroits, le lobe terminal élargi

et en forme de lyre, les sinus latéraux inférieurs peu accusés ; —
sinus pétiolaire profond, en V largement ouvert ; — *face supérieure*
d'un vert sombre et terne ; — *face inférieure* d'un vert blanchâtre,
avec tomentum aranéeux assez abondant, disséminé par flocons sur
le parenchyme ; poils roides, en brosse et courts, abondants sur les
nervures principales qui sont proéminentes ; — deux séries de *dents*
bien délimitées, peu profondes, subaiguës, avec pointe envinée. —
Pétiole de dimensions moyennes, avec quelques poils roides qui
le rendent rugueux, formant un angle presque droit avec le limbe.

Fleurs grosses, larges et aplaties au sommet, luisantes, d'un vert
clair ; — *étamines* à filet long et grêle, avec grosses anthères jaunes ; — *disque* à grosses urcéoles vertes, aplaties sous l'*ovaire* qui
est petit, vert, à stigmate sessile et entier.

Fruits. — GRAPPES insérées à partir des deuxième et troisième
nœuds jusqu'au septième ; — sur-moyennes, un peu lâches, cylindro-coniques, avec ramifications supérieures développées, ayant
rarement une petite aile ; — *pédoncule* allongé, grêle, ligneux et
renflé à l'insertion, avec rafle d'un vert sale ; — *pédicelles* longs,
grêles, à gros bourrelet conique, enviné et avec grosses verrues
bien apparentes ; les baies s'en séparent facilement et abandonnent
un gros et court pinceau assez coloré.

GRAINS de deux grosseurs, sur-moyens ou moyens, globuleux-
cylindriques, avec quelques grains verts entremêlés, d'un noir violacé foncé, stigmate central ; — un peu croquants, à *peau* assez
peu épaisse ; — *pulpe* un peu charnue, mais à jus assez abondant,
d'un rouge vineux non foncé, à saveur agréable. — GRAINES : trois
ou quatre par grain.

RÉSUMÉ

Souche vigoureuse, à port étalé, bois de l'année d'un gris sale sur fond
jaune. — *Feuilles*, jeunes : trilobées, à tomentum blanc abondant ; —
adultes : grandes, aussi larges que longues, lisses, tri ou quinquélobées,
sinus pétiolaire profond et ouvert en V ; face supérieure d'un vert sombre et
terne ; duvet aranéeux assez abondant sur le revers, poils roides sur les
nervures. — *Grappe* sur-moyenne, un peu lâche, cylindro-conique, simple ;
grains sur-moyens, globuleux-cylindriques, d'un noir violacé, jus assez
abondant et assez coloré en rouge vineux.

OBSERVATIONS

Origine. — Le MORRASTEL-BOUSCHET A GROS GRAINS, qu'Henri Bouschet dénommait encore *Gros-Morrastel-Bouschet,* a été obtenu, en 1885, par le croisement du Morrastel et du Petit-Bouschet. Ce cépage, dont Henri Bouschet faisait le plus grand cas, puisqu'il écrit dans ses notes : « sa production me paraît considérable, il doit être cultivé sur une grande échelle », a été propagé dans ces dernières années. On se disposait même à le multiplier beaucoup sur les coteaux, à cause de son abondante fructification ; mais la sensibilité excessive qu'il offre à l'action du Mildiou, avait fait renoncer à peu près définitivement à l'employer.

Ampélographie comparée. — Le MORRASTEL-BOUSCHET A GROS GRAINS a plus de rapports, par le bourgeonnnement, avec l'Espar ou Mourvèdre qu'avec le *Morrastel* (1). Ce qui différencie, en effet, ces deux cépages méridionaux, c'est que le Morrastel a les jeunes feuilles d'un roux brun et luisantes, tandis que celles de l'Espar sont blanchâtres ; c'est le cas du Morrastel-Bouschet à gros grains. La forme de la feuille adulte est orbiculaire chez le Morrastel aussi bien que chez le Morrastel-Bouschet à gros grains ; mais celle de ce dernier est bien plus découpée, caractère qui la rapprocherait encore du Mourvèdre, de même que l'abondance du tomentum à la face inférieure. Les poils roides des nervures sont spéciaux au Morrastel-Bouschet à gros grains, sa grappe ressemble davantage à celle du Morrastel, mais les grains sont plus gros.

Le port du Morrastel-Bouschet à gros grains n'est nullement comparable au port érigé du Morrastel ; il tient de celui du Petit-Bouschet, qui lui a communiqué la couleur de son jus et la précocité dans la maturation. On sait que le Morrastel était le cépage méridional qui produisait les vins les plus foncés. Le vin du Morrastel-Bouschet à gros grains a une couleur un peu plus intense ; il n'y a cependant pas dans sa coloration une accentuation aussi grande que chez

(1) **Synonymes du Morrastel** : *Mourrastel, Monestel, Monasteou* (d'après M. H. Marès),.

d'autres hybrides, qui avaient des ancêtres donnant en somme·
des produits moins colorés que ceux qu'on aurait pu espérer de la
combinaison du Petit-Bouschet et du Morrastel.

Moût et vin. — Les matériaux d'analyse proviennent, pour les *moûts*
N° 1 et N° 3, de chez M. Jules Lavit, de Canet (de souches greffées sur Taylor, York-Madeira ou Solonis, âgées de 5 et 6 ans et à leur deuxième production, dans une terre assez fertile, rouge, caillouteuse) ; pour le N° 2, de·
greffes sur Taylor, à leur première production, dans les terrains marneux et
peu fertiles de l'École d'Agriculture de Montpellier ; — pour le vin N° 1, de
chez M. Bouisset, de Montagnac (de souches greffées, en 1883, sur Riparia,
Solonis, Jacquez, qui avaient trois ans au moment du greffage et étaient
plantées dans le *Soubergue*); pour le N° 2, du domaine de M. de Fortanier
(Soriech-Lattes) et dans les mêmes conditions que les échantillons de même·
origine précédemment analysés.

COMPOSITION DU MOÛT

	N° 1	N° 2	N° 3
Densité, d'après Beaumé, à 15°......	8° 89	8° 62	7° 10
Acidité (en acide sulfurique), par litre.	7ᵍʳ40	5ᵍʳ20	5ᵍʳ86
Sucre (en glucose), par litre........	141 112	143 957	139 252

COMPOSITION DU VIN (Analyses de M. A. Bouffard)

	N° 1	N° 2
Intensité colorante (rapportée au vin d'Aramon)..	2ᴬʳ 2	3ᴬʳ 8
Densité.................................	1000,0	999,2
Alcool, par litre...........................	5° 7	7° 5
Acidité (en acide sulfurique), par litre.........	5ᵍʳ 32	4ᵍʳ 36
Bitartrate de potasse, —	5 14	3 68
Acide tartrique, —	0 450	»
Extrait sec.. { dans le vide à la température ordinaire, par litre..........	23 4	22 4
{ à 100°, —	19 3	19 8
Glycérine et matières volatiles à 100°, par litre..	8 0	4 4
Cendres..... { solubles, par litre............	1 74	1 86
{ insolubles, —	0 82	0 49
{ totales, —	2 56	2 32

Culture. — Le MORRASTEL-BOUSCHET A GROS GRAINS débourre·
tard et mûrit de bonne heure ; il est plus fructifère que le Morrastel, c'est même un des hybrides qui produisent le plus. On avait·

espéré pouvoir le multiplier avec grand avantage sur les coteaux argileux, peu fertiles, milieux où l'on cultivait de préférence le Morrastel. Nous en avons vu, dans ces conditions, des essais très satisfaisants. On pensait aussi que dans ces terrains il aurait une certaine supériorité sur les Alicantes-Bouschet. Les faits paraissaient confirmer cette opinion, et il semblait certainement fort probable que ce cépage remplacerait le Morrastel. Si les remèdes, proposés contre le Mildiou, ont réellement une efficacité absolue, peut-être reviendra-t-on à cultiver le Morrastel-Bouschet à gros grains dans les milieux que nous venons de citer, en le conduisant à la taille courte. Pour l'instant, il vaut mieux mettre dans ces terrains soit l'*Alicante-Bouschet à sarments érigés*, s'ils sont trop peu fertiles, et si la fertilité est assez grande, l'*Alicante-Henri-Bouschet* ou l'*Aspiran-Bouschet*.

Le Morrastel-Bouschet à gros grains est un des cépages qui sont attaqués le plus fortement par le Mildiou ; les grains en souffrent beaucoup, mais l'action du parasite se manifeste surtout avec intensité sur les feuilles. Les taches qu'il détermine sur ces organes ne s'agrandissent pas successivement et ne sont pas limitées. Elles se présentent sous forme de larges plaques qui peuvent atteindre le tiers et les deux tiers de la surface de la feuille, et qui se dessèchent brusquement en prenant une teinte blanc sale, sans passer par les nuances habituelles jaune et brun feuille morte. On ne trouve pas, en outre, de fructifications à la face inférieure sur toute la partie altérée, comme c'est le cas général. On pourrait se demander si les nervures ne sont pas détériorées vers leurs points de départ par le mycélium du champignon, ce qui provoquerait la dessiccation brusque des parties du parenchyme auxquelles elles distribuaient les éléments nutritifs.

CARIGNAN-BOUSCHET

DESCRIPTION

Souche vigoureuse, à port étalé, *tronc* assez fort, *écorce* peu rugueuse, en fines lanières.

Rameaux longs, forts, droits, aplatis, avec ramifications assez nombreuses, très souples dans leur ensemble et flexibles comme du caoutchouc et en même temps très fragiles et cassants *comme du verre* (1); colorés à l'état herbacé de rouge-vineux terne, prenant à l'aoûtement une teinte rose jaunâtre, sur fond grisâtre, plus rosée aux nœuds; — *mérithalles* assez courts, lisses, à nombreuses stries fines; nœuds peu marqués; — bois très dur, vert clair; moelle peu abondante, diaphragmes peu épais, faiblement convexes; — *vrilles* discontinues, assez longues, grêles, fragiles, d'un vert sale, bifurquées.

Bourgeons assez souvent doubles, larges, mais peu proéminents sur le sarment; — *jeunes feuilles* minces, trilobées, le lobe terminal très détaché; luisantes, d'un jaune vert clair, très légèrement nuancées de roux et glabres à la face supérieure; à tomentum blanc laineux peu abondant, mais s'éclaircissant lentement à la page inférieure où les nervures sont d'un jaune clair.

Feuilles moyennement grandes, aussi larges que longues, épaisses mais souples, formant un peu gouttière et légèrement tourmentées; — quinquélobées, les sinus latéraux supérieurs profonds et largement ouverts, arrondis à la base, le lobe terminal large et détaché en lyre, les sinus latéraux inférieurs un peu aigus et relativement profonds; — *sinus pétiolaire* profond, en V ouvert quoi-

---

(1) D'où le nom de *Plant de verre* donné à ce cépage par M. Jules Lavit, et qui est très approprié à ce curieux caractère, qui se manifeste à toute époque de la végétation et surtout quand les rameaux sont aoûtés.

que non élargi ; — *face supérieure* d'un vert peu foncé et terne ;
— *face inférieure* d'un vert blanchâtre avec duvet aranéeux assez
abondant sur le parenchyme, à poils courts un peu souples sur les
nervures principales ; — deux séries de *dents* larges, obtuses,
courtes, mal délimitées, découpant vaguement le pourtour du limbe,
très légèrement liserées de rouge vineux ; — *nervures* fortes et
proéminentes à la face inférieure, d'un vert clair, estompées de
rose vers le sinus basilaire et les points de ramification. — *Pétiole*
assez court et assez fort, nuancé de rose clair, avec quelques
poils roides et formant un angle droit avec le plan du limbe.

Fleurs moyennes, d'un vert clair et luisantes, sillonnées au
sommet et légèrement nuancées de rose ; — *étamines* à long filet
grêle, à anthères d'un jaune très-clair ; — *ovaire* très-petit, à style
se délimitant brusquement mais court, stigmate assez large.

Fruits. — GRAPPES insérées à partir des troisième et quatrième
nœuds, parfois seulement au cinquième ; — grosses, très-allongées,
très denses, cylindriques ou pyramidales, toujours incurvées en
croissant au sommet par suite de leur épaisseur et du tassement des
grains ; dans un milieu riche et frais, les ramifications supérieures sont très développées, les grains relativement peu serrés,
l'incurvation existe cependant ; — *pédoncule* assez allongé, de
grosseur moyenne, très-cassant comme la rafle, très-faiblement
enviné ; — *pédicelles* de longueur moyenne, grêles, à gros bourrelet conique et fortement enviné, pourvu de grosses verrues bien
apparentes ; les grains s'en détachent assez difficilement et laissent
adhérent un gros et court pinceau bien coloré.

GRAINS de grosseur moyenne (sur-moyens dans un milieu riche),
sphériques, d'un noir violacé foncé, peu pruinés et peu luisants ;
stigmate persistant, peu apparent dans un ombilic peu prononcé
et faiblement excentrique ; — fermes, à *peau* épaisse et un peu
coriace ; — *pulpe* assez fondante, à jus d'un rouge vif non foncé,
à saveur un peu sucrée. — GRAINES : une et deux par grain, petites.

RÉSUMÉ

Souche vigoureuse, à port étalé, bois souple et très-fragile à toutes les
époques de la végétation, coloré à l'automne en rose jaunâtre sur fond
grisâtre. — *Feuilles,* jeunes : d'un vert clair, nuancé de roux, et luisantes

à la page supérieure ; — adultes : moyennement grandes, aussi larges
que longues, quinquélobées, à sinus pétiolaire en V ouvert, d'un vert terne
et peu foncé à la face supérieure, à duvet aranéeux assez abondant à la
face inférieure, avec poils courts et souples sur les nervures envinées aux
points d'origine ; limbe vaguement découpé par les dents. — *Grappe* grosse,
pyramidale, incurvée au sommet ; *grains* très serrés, moyens, sphériques,
légèrement ombiliqués, peu pruineux, pulpe assez fondante, à jus d'un
rouge vif non foncé.

OBSERVATIONS

Origine. — Nous citons textuellement les notes qu'a écrites Henri
Bouschet sur l'origine de ce cépage : « Variété obtenue par le croisement du *Petit-Bouschet* et du *Morrastel*. Je l'ai dénommée
CARIGNAN-BOUSCHET, à cause de la forme de ses grappes qui ont
quelque ressemblance avec celles de la Carignane par leur forme
cylindrique et le rapprochement des grains. »

Le Carignan n'a donc joué aucun rôle dans la production de ce
cépage ; leurs caractères ne sont d'ailleurs nullement comparables.
Les fruits du Carignan-Bouschet rappellent assez ceux du Carignan,
ce qui légitime en partie le nom que lui a attribué Henri Bouschet.
Si cependant l'on applique le principe qu'il a suivi pour dénommer
ses hybrides, cette variété serait un *Morrastel-Bouschet* plutôt
qu'un *Carignan-Bouschet* ; à ce point de vue, ce dernier nom est
fort critiquable. Nous le maintiendrons cependant, car ce nom n'est
qu'une étiquette et l'usage paraît vouloir l'adopter. Le Carignan-
Bouschet n'est encore qu'à l'état d'exception, mais dans un assez
grand nombre de collections.

Ampélographie comparée. — Les seuls caractères du bourgeonnement donnent au Carignan-Bouschet quelques rapports avec
le Morrastel. Le port et l'aspect général des feuilles adultes offrent
quelques analogies de détail avec le Petit-Bouschet. Ce sont les
seules comparaisons que l'on puisse établir avec les deux ancêtres
du Carignan-Bouschet.

Différence absolue entre les feuilles du Carignan et du Carignan-
Bouschet. La grappe lui est assez comparable ; elle possède cependant des caractères bien propres, tels ses dimensions, le fort tassement des grains et l'incurvation en croissant au sommet. Nous

avons à noter ici un fait que nous avons observé dans le domaine de Mᵐᵉ Vᵉ Henri Bouschet : une souche de Carignan-Bouschet, placée dans un terrain frais, profond et très riche, possédait des grappes très grosses, lâches, à ramifications supérieures très développées, à grains plus gros que ceux des fruits produits sur les coteaux et dans des milieux moins frais et moins riches. Les ceps provenaient cependant de boutures prises sur les mêmes souches. Le milieu avait déterminé ces légères variations, qui ne persisteraient pas dans des terrains moins fertiles.

Un caractère fort curieux du Carignan-Bouschet et qui lui est spécial parmi les variétés du V. Vinifera, est celui de la souplesse des tissus, non-seulement de ceux des rameaux même aoûtés, mais aussi du parenchyme et des poils courts des nervures.

Moût et vin. — L'analyse du moût Nᵒ 1 est celle de raisins récoltés à *la Prade,* sur le pied mère (plantation directe dans un sol d'alluvion très fertile) ; le Nᵒ 2 nous a été fourni par M. J. Lavit de Canet, (mêmes conditions de cépages et de sol que pour le Morrastel-Bouschet à gros grains Nᵒ 1 et Nᵒ 3). — Le vin a été fait à Montagnac, chez M. Bouisset, dans des conditions identiques à celui du Nᵒ 1 du Morrastel-Bouschet à gros grains.

COMPOSITION DU MOÛT

	Nᵒ 1	Nᵒ 2
Densité, d'après Beaumé, à 15°...............	8ᴬʳ 46	10ᴬʳ 75
Acidité (en acide sulfurique), par litre..........	4ᵍʳ 91	3ᵍʳ 37
Sucre (en glucose), par litre...................	159 320	180 942

COMPOSITION DU VIN (Analyses de M. A. Bouffard)

Intensité colorante (rapportée au vin d'Aramon)............	1ᴬʳ5
Densité...	994, 4
Alcool, par litre...	5°9
Acidité (en acide sulfurique), par litre.....................	10ᵍʳ 82
Bitartrate de potasse, —	1 97
Acide tartrique, —	5 70
Extrait sec...... { dans le vide à la température ordinaire, par litre..........................	32 4
à 100°, par litre......................	29 5
Glycérine et matières volatiles à 100°, par litre.............	3 4
Cendres........ { solubles, par litre.....................	1 40
insolubles, —	1 18
totales, —	2 58

6*

Culture. — La grosseur des grappes du CARIGNAN-BOUSCHET, qui dépassent parfois en longueur, mais non en développement, celles de l'Aramon, ont pu faire espérer que cette variété était très méritante. Les fruits sont peu nombreux sur une même souche, leur volume donne cependant une bonne moyenne de récolte, du moins d'après les quelques sujets que nous avons pu étudier. Il est néanmoins incontestable que la production du Carignan-Bouschet est inférieure à celle du Petit-Bouschet, de l'Alicante-Henri Bouschet, etc.; en outre le vin est faible en alcool et en couleur.

Nous trouvons consignées dans les notes manuscrites d'Henri Bouschet les observations suivantes sur la fertilité de ce cépage : « paraît fertile ; depuis 1863 sa production a été en croissant et les raisins ont pris un plus fort développement ; en 1865 plusieurs grappes étaient remarquables par leur grosseur ; en 1866 les grappes portaient des grains de verjus ; en 1867 la souche portait peu de raisins. » Dans d'autres annotations il écrit : « cette variété ne mérite pas d'être propagée » et ailleurs « fertile en 1880 ».

Jusqu'à preuve du contraire, nous estimons que cette variété, d'un grand intérêt pour l'ampélographe, paraît avoir bien peu de valeur pour la culture.

MORRASTEL-B^T A FEUILLES LISSES

Souche vigoureuse, à port semi-érigé. — *Rameaux* longs, de force moyenne, légèrement sinueux, à mérithalles un peu aplatis, d'un jaune pourpre clair à l'état herbacé, d'un roux vineux à l'aoûtement. — *Feuilles*, jeunes : peu épaisses, trilobées, d'un brun vineux uniforme et très prononcé à la face supérieure qui est vernissée ; — adultes : grandes, planes, finement gaufrées, quinquélobées, le lobe inférieur large et en lyre ; sinus pétiolaire profond et fermé ; deux séries de dents subaiguës ; nervures fortes et envinées à leur origine ; face supérieure d'un vert assez foncé, luisante ; face inférieure avec poils roides assez nombreux sur toutes les nervures. Pétiole long et fort, inséré normalement au limbe. — *Grappe* allongée, cylindrique, simple, lâche ; à pédoncule court et gros, renflé à l'insertion ; pédicelles ramassés, gros, à large bourrelet aplati ; *grains* moyens ou sur-moyens, sub-globuleux, d'un noir violacé foncé, à pruine assez abondante ; peau épaisse, supportant une couche de matière colorante ; pulpe un peu charnue ; jus assez abondant, bien coloré en rouge vineux.

Cette variété, ainsi dénommée par Henri Bouschet, a été obtenue en 1855 par le croisement du *Bouschet à feuilles lisses* et du *Morrastel*. Elle ne présente aucun intérêt pour la culture. Nous nous y sommes arrêté uniquement à cause de la spécialité de certains caractères ampélographiques, surtout de ceux qui résultent de la coloration de la face supérieure des feuilles, très luisantes et finement gaufrées à l'état adulte, et de la teinte d'un brun vineux foncé sur la page supérieure vernissée des jeunes feuilles.

MORRASTEL-B^T A PETITS GRAINS

Variété ainsi dénommée par Henri Bouschet, par opposition au *Morrastel-Bouschet à gros grains*. Sa grappe est petite, ses grains petits ; son jus possède à peine la teinte du jus du *Grand-Noir de la Calmette ;* en outre elle produit peu. Ce cépage est donc sans valeur et sans intérêt.

MORRASTEL-B^T A SARMENTS ÉRIGÉS

Hybride du Petit-Bouschet et du Morrastel. Variété notée dans les catalogues de MM. J. et G. Bouschet ; nous n'avons pas eu l'occasion de l'étudier, nous présumons cependant que sa valeur est peu importante. Ce cépage est donné comme « très fertile, à grappe et grains de Morrastel, à maturité du Petit-Bouschet. »

MORRASTEL-BOUSCHET N° 4

Le *Morrastel-Bouschet à gros grains* est supérieur, à tous les
points de vue, à ce cépage, qui n'a pas même l'avantage de mieux
résister au Peronospora. Le MORRASTEL-BOUSCHET N° 4 ne serait pas
cependant une mauvaise variété, car il est vigoureux, bien fructifère, à grappe sur-moyenne, conique, à grains moyens, moins gros
que ceux du Morrastel-Bouschet à gros grains, à jus abondant et
d'un beau rouge. On n'a aucun intérêt à le multiplier, puisqu'il est
inférieur à d'autres variétés.

MORRASTEL-BOUSCHET N° 5

Le MORRASTEL-BOUSCHET N° 5, à cause de sa production assez
faible, de sa grappe plutôt petite et qui coule souvent, de ses grains
à peine moyens, n'a aucune valeur culturale. Il est seulement intéressant en ce que c'est celui des *Morrastels-Bouschet* qui a le jus le
plus foncé; il est aussi très attaqué par le Mildiou.

III. OEILLADES-BOUSCHET

ŒILLADE DU 1ᴱᴿ AOUT

DESCRIPTION

Souche vigoureuse, à *port* érigé, *tronc* assez fort, *écorce* en fines lanières régulières.

Rameaux moyennement allongés, plutôt grêles, droits, peu ramifiés, pruineux, d'un jaune brun vineux clair à l'état herbacé, d'un gris roussâtre clair à l'aoûtement; — *mérithalles* un peu courts, aplatis, à stries fines, mais peu profondes, lisses; nœuds aplatis, larges; bois assez dur, teinté au pourtour de la moelle en rose clair; diaphragmes concaves, épais; — *vrilles* discontinues, grêles, bifurquées.

Bourgeons gros, à duvet blanc abondant, légèrement rosés; la première feuille, teintée de rose, devient d'un vert jaunâtre, estompé de brun.

Feuilles moyennes, presque aussi larges que longues, à peine gaufrées, mais largement tourmentées; — quinquélobées; le lobe supérieur large et brusquement rétréci à son insertion, limité par des sinus latéraux arrondis, profonds, larges, mais avec sommets tangents; sinus latéraux inférieurs peu profonds; — *sinus pétiolaire* en V assez profond, élargi, avec les lèvres tangentes au sommet; — *face supérieure* d'un vert assez clair et peu luisante; — *face inférieure* d'un vert gai, à tomentum aranéeux par bouquets peu abondants; — deux séries de *dents,* les plus grandes larges, aiguës et peu nombreuses ; — *nervures* fortes et proéminentes sur le revers, légèrement lavées de rose clair sur certaines parties à la page supérieure. — *Pétiole* moyen dans ses dimensions, inséré à angle obtus sur le limbe.

Fruits. — GRAPPES sur-moyennes, coniques, simples, mais à ramifications supérieures développées et parfois envinées, un peu lâches ; — *pédoncule* non renflé mais ligneux à l'insertion, rafle d'un jaune verdâtre ; — *pédicelles* assez longs, à gros bourrelet enviné et avec quelques rares verrues bien adhérents aux baies qui abandonnent un gros et court pinceau fortement enviné.

GRAINS presque gros, avec petits grains verts entremêlés, bien ovoïdes, à pruine abondante, d'un noir violacé foncé et d'un bel aspect; stigmate persistant central; — croquants, à *peau* assez fine, non coriace ni élastique; — *pulpe* fondante, jus d'un rouge vineux foncé, cristallin, non abondant, à saveur agréable rappelant celle de l'Œillade, mais moins accusée. — GRAINES : une et deux par grain, peu grosses.

RÉSUMÉ

Souche vigoureuse, à port érigé, bois de l'année d'un gris roussâtre clair. — *Feuilles,* jeunes : tomenteuses et estompées de rose ; — adultes : moyennes, orbiculaires, largement tourmentées; quinquélobées, sinus pétiolaire en V profond, à lèvres tangentes au sommet; face supérieure d'un vert assez clair et peu luisante, à peine tomenteuses sur le revers. — *Grappe* sur-moyenne, conique et simple ; grains presque gros, ovoïdes, à pruine abondante, d'un noir violacé foncé, croquants et à saveur agréable, jus bien coloré et brillant.

OBSERVATIONS

Origine. — Voici textuelles les notes qu'a laissées Henri Bouschet sur l'origine de cette variété : « *Passerille* fécondée par le *Petit-Bouschet* en 1859 — ŒILLADE DU 1er Août — Cette variété, dont je ne connais pas bien l'origine, car elle provient d'un grain à suc rouge détaché de sa grappe et mêlé avec d'autres, me paraît provenir d'une *Passerille noire* fécondée par le Petit-Bouschet ou réciproquement. Elle a produit pour la première fois en 1864. Le 26 juillet 1864 les grains étaient mûrs ; en 1865 on aurait pu vendanger au commencement du mois d'Août ; en 1866, mûre le 6 Août. — Je donne à cette vigne le nom d'*Œillade du 1er Août ;* c'est le plus précoce de mes raisins de semis. »

Ce n'est donc que par supposition qu'Henri Bouschet rapporte l'Œillade du 1er Août au Petit-Bouschet et à la Passerille. Le nom de Passerille est plutôt synonyme de Cinsaut, mais Henri Bouschet l'appliquait à l'Œillade ; ses notes ne laissent aucun doute à cet égard.

Ampélographie comparée. — Le port de la souche, le bourgeonnement, la couleur des sarments de l'ŒILLADE DU 1er AOUT sont assez analogues à ceux de l'Œillade (1). Les fruits s'en rapprochent par la forme de la grappe et la grosseur des grains ; la forme un peu olivoïde de ceux-ci a plutôt des ressemblances avec les baies du Cinsaut; ceux de l'Œillade sont plus globuleux. Par les feuilles l'Œillade du 1er Août n'a aucun rapport avec l'Œillade. Elle n'a conservé que peu des caractères des Hybrides-Bouschet, excepté la coloration intense de son jus et la précocité dans la maturité.

Culture. — Le mérite de ce cépage réside à peu près uniquement dans la précocité de sa maturation, bien antérieure à celle des variétés noires cultivées dans le midi de la France comme raisins de table, le Cinsaut par exemple ; la coloration intense de son jus est cependant désagréable à la bouche. Sa production, quoique n'égalant pas celle du Cinsaut, est assez grande ; mais nous devons dire que des souches de six ans de greffe, établies par Henri Bouschet à l'École d'Agriculture de Montpellier, ont un peu coulé. Ce cépage est assez vigoureux et peut être conduit à la taille courte (2); son port érigé présente quelques avantages pour les cultures à donner pendant l'été et qui doivent surtout être souvent répétées pour les raisins de table précoces.

Il se peut que l'ŒILLADE DU 1er AOUT, à cause de sa maturité

(1) **Synonymes de l'Œillade :** *Ouillade, Ulliade, Uliade.*

(2) Nous notons dans une observation manuscrite d'Henri Bouschet : « Demande la taille longue. »

précoce qui a lieu dans les premiers jours d'Août, arrive à prendre
une place de quelque importance comme raisin de primeur, principalement sur les coteaux de fertilité moyenne (1). Sa production,
bien moins élevée que celle des autres Hybrides-Bouschet, le manque de bouquet de son vin, qui est cependant bien coloré, nous
semblent ne pas devoir encourager à le cultiver comme raisin de
cuve dans aucune condition, car dans tous les milieux beaucoup
d'autres variétés lui seront bien supérieures à tous les points de
vue, précocité dans la maturité exceptée.

ŒILLADE-BOUSCHET N° 2

Après l'*Œillade du 1ᵉʳ août,* la seule qui présente quelque intérêt, assez minime du reste, est l'ŒILLADE-BOUSCHET N° 2. L'*Œillade
Bouschet N° 4,* assez fructifère, a les grains petits ; l'*Œillade-Bouschet N° 1,* à grains moyens et ronds, est sans valeur ; elles sont
toutes fortement attaquées par le Mildiou.

La grappe de l'ŒILLADE-BOUSCHET N° 2 est sur-moyenne ; à
grains de deux grosseurs, sur-moyens ou moyens, croquants,
oblongs; à peau épaisse, mais élastique, très pruinée et d'un noir
violacé foncé; à pulpe fondante, rendant un jus bien coloré en
rouge vineux. Elle mûrit un peu tard, pas avant le 4 ou 5 septembre.

Les feuilles sont moyennes, lisses, planes, très minces ; quinquélobées, le lobe terminal très détaché par des sinus profonds, les
sinus latéraux inférieurs bien marqués ; sinus pétiolaire assez profond et en V peu ouvert ; d'un vert gai et terne à la face supérieure,
à rares bouquets de poils aranéeux, disséminés sur la face inférieure, qui est d'un vert plus clair.

(1) On peut se demander encore, à ce point de vue, s'il ne serait pas préférable
de cultiver le *Portugais bleu,* qui est aussi précoce, plus vigoureux, plus fructifère
et à jus non coloré.

IV. ALICANTES-BOUSCHET

ALICANTE-HENRI BOUSCHET

DESCRIPTION

(Pl. III)

Souche vigoureuse, à *port* presque rampant, *tronc* fort, *écorce* grossière, se détachant en larges lanières irrégulières.

Rameaux allongés, assez forts, sinueux, peu ramifiés et à ramifications courtes dans tous les cas ; — jeunes rameaux amincis au sommet, très-forts à la base, avec rares flocons aranéeux persistant assez longtemps ; — verts à l'état herbacé, avec raies larges d'une couleur rouge brique dans les cannelures ; avant la maturité des fruits ils sont d'un jaune clair avec les nœuds lavés de pourpre et des raies dans un ton plus clair sur toute la longueur de l'entre-nœud ; — à l'aoûtement, la teinte est à fond jaune, comme l'Alicante, mais moins claire, toujours faiblement pourprée aux nœuds ; les plus petits sarments et ceux des jeunes plants sont d'un jaune plus clair et assez souvent rayés de roux ; les plus gros bois tendent, surtout à la base, au rouge cannelle avec des raies plus foncées ; l'aoûtement a lieu de bonne heure ; — *mérithalles* de longueur moyenne, courts à la base des sarments, peu rugueux, peu luisants, non pruineux ; à stries nombreuses, délimitées mais peu profondes ; légèrement aplatis ; bois dur, d'un vert clair à l'intérieur, moelle assez dense et relativement peu épaisse ; — *nœuds* peu renflés, comprimés dans le sens perpendiculaire à l'aplatissement des

Pl. III.

ALICANTE — Henri BOUSCHET.

mérithalles ; à diaphragmes assez épais, faiblement méniscoïdes ; *vrilles* discontinues , de grosseur moyenne , assez longues , bifurquées.

Bourgeons simples, gros, larges à la base et pointus ; — *jeunes feuilles* assez épaisses, 3 — sublobées; tomentum laineux blanc assez abondant à la face inférieure où les nervures glabres sont vertes; des bouquets de poils persistent assez longtemps clairsemés à la page supérieure, qui prend une teinte d'un vert jaunâtre, vaguement et faiblement nuancé de brun clair sur le centre des lobes ; dents peu détachées avec glandes d'un rouge vineux bien apparentes ; — les *grappes de fleurs* apparaissent assez tardivement, elles ont une couleur rouge brique sale, avec rares petits poils en flocons sur les extrémités.

Feuilles moyennes, un peu plus larges que longues ; orbiculaires , épaisses, souples, mais peu résistantes au froissement, à parenchyme cassant à l'automne ; presque toujours asymétriques , la partie la plus étroite située du côté de l'insertion du rameau ; — entières, les lobes latéraux supérieurs sont cependant toujours indiqués par un plus grand développement en pointe du limbe qui finit par une dent plus accusée, une petite échrancure indique la place de chacun des deux sinus ; le lobe terminal, très élargi par conséquent à son insertion, quoique un peu obtus au sommet, finit par une large dent plus allongée que les autres ; assez souvent, et sur le même pied, certaines feuilles, de forme générale identique, ont les sinus latéraux supérieurs un peu creusés ; — *sinus pétiolaire* toujours profond et en V, de forme un peu variable dans les détails : à base légèrement arrondie et non bien ouvert dans la plupart des feuilles, surtout lorsque les souches ont un certain âge ; ou en V aigu à la base et alors étroit, les bords se superposant en partie aux extrémités ; ou à bords presque parallèles et tangents ; dans les feuilles jeunes ou peu développées, dans celles de l'extrémité des rameaux, il est très-largement ouvert ; aucune de ces formes n'est absolument dominante ; — le limbe est un peu bullé , mais non gaufré ; dans la majorité des cas il forme gouttière suivant la nervure centrale, avec les côtés un peu bombés et les bords réfléchis (révolutés) depuis la place supposée des lobes latéraux inférieurs jusqu'au sinus basilaire, le lobe terminal est plan, cet aspect est en relation dépendante avec la forme la plus commune du sinus pétiolaire ; quand celui-ci est fermé, la gouttière centrale est plus accusée et le limbe plus réfléchi sur une plus grande étendue ; quand avec le sinus basilaire fermé, les lèvres tangentes se superposent en dessous, la gouttière centrale s'accuse beaucoup, les bords ne sont presque pas réfléchis, mais le parenchyme est plus bullé ; enfin, avec le sinus pétiolaire très-ouvert, la feuille est plane, sans replis sur les bords ni gouttière, mais plus bullée que dans les cas précédents (1) ; dans le cas rare du sinus pétiolaire à bords parallèles, la feuille est plane et plus orbiculaire ; — *face supérieure* d'un beau vert foncé et assez luisante ; — *face inférieure* d'un vert plus clair et blanchâtre, à bouquets de poils aranéeux assez abondants, régulièrement distribués sur les sous-nervures ; — deux séries de *dents* bien distinctes, larges à la base, mais aiguës au sommet et avec un petit mucron plus jaune ; — *nervures* assez fortes, non bien proéminentes, glabres et d'un jaune clair à la face inférieure. — *Pétiole* long, de grosseur moyenne, renflé à son insertion, jaune vert avec raies pourpre ; variant dans son insertion sur le plan du limbe, de l'angle presque droit à l'angle parfois très obtus.

Les feuilles commencent à se colorer un peu tard, en prenant une teinte d'un rouge carmin vif et luisant, qui se fonce ensuite en rouge vineux terne, mais jamais sombre. Elles sèchent avec la coloration rouge carmin feuille morte. La nuance débute sur le bord des lobes et par points sur le parenchyme ; elle progresse par carrelages, mais un peu diffus ; les nervures se nuancent tard de rouge carmin vif, de même le pétiole qui est aussi coloré à l'intérieur.

Fleurs grosses, bien cannelées, aplaties au sommet où elles sont faiblement envinées, d'un vert clair et luisantes ; — *calice* entier, à peine marqué, non liseré de rouge ; — *étamines* à filet très long et anthères petites ; — disque à *nectaires* d'un jaune clair, assez épais et assez prononcés ; — *ovaire* renflé, petit, d'un vert très foncé, à style à peine indiqué ; stigmate presque sessile, capité, entier.

---

(1) Ce cas se présente, presque d'une façon générale, sur les greffes vigoureuses de l'année qui, planes, très-foncées à la face supérieure, très-gaufrées et peu creusées au centre, paraissent différentes de ce qu'elles seront plus tard.

Fruits. — GRAPPES insérées le plus souvent à partir du troisième nœud, parfois du quatrième, jusqu'au nombre de trois et quatre sur le même sarment; — presque grosses ou grosses, le plus souvent ailées, l'aile formant une grappe qui a environ le tiers des dimensions de la grappe principale, à ramifications supérieures le plus souvent bien développées; — un peu allongées, épaisses et obtuses au sommet, par suite tronc-coniques ou prismatiques à partir des ramifications supérieures; amples, jamais tassées; — *pédoncule* moyen de force et de longueur, d'un vert clair comme la rafle, dur mais non ligneux, et renflé à la base, avec renflement au point d'insertion de l'aile; — *pédicelles* ramassés, forts, à gros bourrelet conique, faiblement lavé de rouge sale, à verrues nombreuses et grosses; les grains s'en séparent assez facilement et abandonnent un gros et court pinceau fortement enviné.

GRAINS de deux grosseurs, surtout sur-moyens, ou presque gros, les moyens peu nombreux; sphériques ou faiblement discoïdes; d'un noir vineux foncé et assez luisants sous la pruine très abondante. avec lenticelles à la surface; stigmate persistant au centre, peu apparent; — assez ferme, à *peau* assez peu épaisse, élastique; — *pulpe* fondante, jus abondant, coloré en rouge vif foncé, à saveur fraîche et sucrée; — GRAINES, deux et trois par grains, de grosseur moyenne.

RÉSUMÉ

Souche vigoureuse, à port presque rampant, bois de l'année jaune ou jaune nuancé de roux vineux. — *Feuilles*, jeunes : épaisses, légèrement trilobées, à tomentum abondant sur le revers, d'un vert jaunâtre nuancé de roux à la page supérieure; — adultes : moyennes, entières, orbiculaires; à sinus pétiolaire profond, en V et variable dans son ouverture, ce qui entraîne des variations dans la situation du limbe, mais en général un peu en gouttière au centre avec bords incurvés du côté du sinus basilaire; face supérieure d'un beau vert foncé et assez luisante; face inférieure d'un vert blanchâtre, avec tomentum aranéeux assez abondant sur les sous-nervures. — *Grappe* grosse, épaisse, tronc-conique, ample, à aile peu développée; *grains* sur-moyens, à pruine abondante, d'un noir vineux foncé, à pulpe fondante, jus d'un rouge vif foncé, à saveur fraîche et sucrée.

ALICANTE-BOUSCHET EXTRA-FERTILE

DESCRIPTION

Souche assez vigoureuse, à *port* étalé, *tronc* assez fort, *écorce* rugueuse, en lanières irrégulières.

Rameaux moyennement allongés, assez forts, sinueux, cylindriques ou peu aplatis, à ramifications latérales peu nombreuses et peu développées ; — jeunes rameaux avec quelques rares flocons de poils aranéeux; ayant à l'état herbacé une coloration à fond d'un vert jaunâtre clair, avec raies pourpre-carmin, prenant ensuite une teinte uniforme d'un rougé pourpre, toujours plus foncée aux nœuds; à l'automne elle passe définitivement du brun rougeâtre au jaune vineux clair, avec nuance marron à la base et au pourtour des nœuds ; — *mérithalles* moyens ou plutôts courts, non pruineux, peu rugueux, peu luisants, finement striés; bois dur, à moelle non épaisse; nœuds peu proéminents, à diaphragmes assez épais, faiblement méniscoïdes; — *vrilles* discontinues, courtes, grêles, bifurquées.

Bourgeons gros, déprimés; — *jeunes feuilles* assez minces, entières, légèrement gaufréés, les dents des lobes inférieurs plus accusées; à tomentum laineux, blanc, assez abondant à la face inférieure; page supérieure d'un vert jaunâtre, à duvet peu abondant et s'éclaircissant très vite, prenant alors une teinte rouge brique sur fond vert luisant; dents assez bien détachées et assez profondes, glabres, à mucron enviné ; — *grappes de fleurs* avec bractées développées.

Feuilles moyennes, aussi ou plus larges que longues, orbiculaires, peu asymétriques et assez bullées ; — presque entières ou légèrement trilobées, les sinus latéraux supérieurs peu profonds et bien ouverts, les lobes seulement indiqués, le plus souvent, par un plus grand développement du parenchyme et des dents terminales; — *sinus pétiolaire* assez peu variable, en V, presque toujours profond et ouvert, un peu arrondi à la base, rarement à bords parallèles ou se superposant ; — très fortement repliées en cornet sur les bords, le lobe terminal est même réfléchi vers la page inférieure ; le retournement s'accuse beaucoup à la fin de la végétation, quand les feuilles rougissent, certaines ont alors les trois quarts de leur parenchyme *révoluté* ; le limbe n'est jamais fortement creusé suivant la nervure centrale, et n'a que rarement une faible gouttière ; — *face supérieure* d'un vert foncé, luisante ; — *face inférieure* d'un vert clair, à bouquets de poils longs, aranéeux, assez peu nombreux ; — deux séries de dents larges à la base, amincies au sommet qui est mucroné et jaune rougeâtre ; — *nervures* fortes à la page inférieure et d'un vert clair. — *Pétiole* moyen de longueur et de force, d'un vert clair, légèrement lavé de rose tendre, formant angle droit ou peu aigu avec le plan du limbe.

Les feuilles se colorent de très bonne heure ; elles commencent à prendre leur teinte avant la maturité des fruits. Cette coloration, qui débute par points isolés, sans se diffuser et en restant limitée par les sous-nervures, finit par devenir d'un noir vineux foncé, à reflets luisants et paraissant métalliques. Les nervures se teintent tard et après tout le parenchyme, qui est alors cassant et dont on exprime, quand on le froisse, un jus d'un rouge vineux foncé et terne. Elles sèchent avec la teinte noir feuille morte.

Fleurs grosses, d'un vert clair, luisantes, envinées au sommet qui est cannelé ; — *étamines* à filet court et grêle, à anthères peu développées ; — *disque* à nectaires peu accusées, mais bien distinctes, d'un jaune clair ; — *ovaire* gros, d'un vert foncé, surbaissé, stigmate sessile, très étroit.

Fruits. — GRAPPES insérées des troisièmes aux cinquièmes nœuds ; — sur-moyennes ou presque grosses, épaisses et un peu tassées, cylindro-coniques ou coniques (elles ne sont pas amples par suite du peu de développement des ramifications supérieures), ayant dans beaucoup de cas une aile assez petite ; — *pédoncule* assez court, renflé et dur, mais non ligneux à l'insertion, lavé par bandes de rose vineux sur fond rose clair, rafle d'un jaune vert clair ; — *pédicelles* assez courts, de force moyenne, d'un vert jaunâtre ; à bourrelet conique peu marqué, rose sale et avec grosses

verrues, surmonté d'un gros et court pinceau, qui est enviné de
rouge sang et se sépare peu facilement des baies.

GRAINS toujours un peu serrés, fermes, de deux grosseurs,
moyens ou sur-moyens, sphériques, un peu aplatis aux deux pôles,
à stigmate persistant au centre d'un ombilic peu accusé, d'un noir
foncé et peu luisants au-dessous de la pruine abondante ; — *peau*
assez peu épaisse, un peu coriace ; — *pulpe* assez fondante, à saveur assez fraîche et sucrée, jus d'un rouge sang brillant. — GRAI-
NES : deux et trois par grain, de grosseur moyenne.

RÉSUMÉ

Souche assez vigoureuse, à port bien étalé, bois de l'année d'un jaune vineux clair. — *Feuilles*, jeunes : entières, avec teinte rouge brique sur fond
vert et luisant; — adultes : moyennes, aussi ou plus larges que longues,
bullées; presque entières; à sinus pétiolaire peu variable, profond et en V
ouvert; limbe très-fortement replié sur les bords et même sur le lobe terminal, se fonçant fortement en rouge vineux noirâtre à l'automne; face supérieure d'un vert foncé et luisante; avec longs poils aranéeux en bouquets
peu nombreux sur le revers. — *Grappe* sur-moyenne, épaisse, non ample,
assez rarement avec une aile peu développée; *grains* un peu serrés, sur-
moyens, sphériques, un peu déprimés aux deux pôles, bien pruinés, d'un
noir foncé, jus assez abondant, d'un rouge sang brillant.

ALICANTE-BOUSCHET N° 1

DESCRIPTION

Souche assez vigoureuse, à *port* étalé, *tronc* fort, *écorce* en larges lanières irrégulières.

Rameaux allongés, assez forts, un peu sinueux, à ramifications peu nombreuses et peu développées ; — jeunes rameaux avec quelques flocons de poils aranéeux tombant de bonne heure, d'une teinte claire vert-jaunâtre, légèrement colorés de rouge vineux aux environs des nœuds, avec raies estompées de roux ; d'un jaune un peu grisâtre et non luisant à l'aoûtement ; — *mérithalles* de longueur moyenne, un peu courts à la base, peu rugueux, peu luisants, finement mais peu profondément striés ; bois dur, d'un vert clair, moelle assez peu épaisse ; nœuds non renflés , diaphragmes assez épais, un peu méniscoïdes ; — *vrilles* discontinues, courtes, grêles, bifurquées, d'un jaune clair.

Bourgeons gros , aplatis sur les sarments aoûtés ; — *jeunes feuilles* assez épaisses, gaufrées, presque entières, des dents plus longues indiquent la place des lobes ; à tomentum laineux assez abondant sur les deux faces, disparaissant bientôt de la face supérieure qui est luisante ; d'un vert clair nuancé de roux par parties et pendant peu de temps ; les nervures bien apparentes et glabres tranchent par leur teinte vert clair sur le fond blanc laineux de la face inférieure ; dents détachées, finement découpées, glabres, à pointe envinée.

Feuilles moyennes, aussi ou plus larges que longues, orbiculaires, épaisses, peu coriaces, asymétriques, le lobe le plus étroit du côté de l'insertion du rameau ; — presque entières ou légèrement trilobées, les sinus latéraux supérieurs peu profonds quand ils existent, les lobes toujours indiqués par un plus grand développement du limbe ; — *sinus pétiolaire*, quoique un peu variable de forme,

7*

toujours en V peu évasé et profond; — la feuille forme une gouttière centrale prononcée, elle est réfléchie sur ses bords vers la
région du sinus basilaire et même sur les lèvres de ce sinus; ce cas
est le plus fréquent, mais on trouve dans la situation du limbe des
variations comparables à celles de l'Alicante-Henri Bouschet ; —
face supérieure d'un vert foncé, luisante ; — *face inférieure* d'un
vert blanchâtre par suite du tomentum assez abondant distribué par
bouquets aranéeux de poils longs : — deux séries de *dents* larges,
acuminées, peu profondes ; — *nervures* fortes, glabres et d'un
vert clair à la face inférieure. — *Pétiole* long, assez fort, d'un jaune
vert sale, formant un angle droit avec le plan du limbe.

Les feuilles rougissent à l'automne de la même façon et dans le
même ton que celles de l'Alicante-Henri Bouschet.

Fleurs grosses, luisantes, aplaties et cannelées au sommet qui
est lavé de roux sale ; — *étamines* à filet long et fort.

Fruits. — GRAPPES insérées à partir des deuxième et troisième
nœuds ; — sur-moyennes, épaisses, ramassées, non amples et
tassées, tronc-coniques ou prismatiques, un peu élargies à la base
par suite des ramifications qui y sont peu développées ; ayant assez
souvent une aile assez grosse, un peu allongée, mais moins développée que celle de l'Alicante-Henri Bouschet ; — *pédoncule* moyen
de longueur et de force, renflé et dur mais non ligneux à l'insertion,
d'un jaune vert clair comme la rafle ; — *pédicelles* courts, de force
moyenne, à bourrelet élargi et enviné, avec grosses verrues ; les
grains s'en séparent assez difficilement et laissent un gros et court
pinceau, fortement coloré.

GRAINS de deux grosseurs, moyens ou sous-moyens, avec rares
grains verts entremêlés, sub-globuleux, un peu déprimés aux deux
pôles, assez pruinés (moins que ceux de l'Alicante-Henri Bouschet),
d'un noir vineux assez foncé ; stigmate persistant central et peu
apparent ; — un peu croquants, à *peau* assez épaisse, mais élastique ; — *pulpe* fondante, à saveur sucrée assez agréable, jus assez
abondant fortement coloré en rouge vineux foncé. — GRAINES : au
nombre de deux et trois par grain, de grosseur moyenne.

RÉSUMÉ

Souche assez vigoureuse, à port étalé, bois de l'année d'un jaune un peu grisâtre. — *Feuilles*, jeunes : presque entières, assez épaisses, gaufrées et d'un vert clair nuancé de roux à la face supérieure, à tomentum laineux abondant sur le revers ; — adultes : moyennes, épaisses, orbiculaires, presque entières ; à sinus pétiolaire profond et en V peu évasé, avec variations dans l'ouverture et dans la situation du limbe comme dans l'Alicante-Henri Bouschet ; en général, en gouttière prononcée, bords bien repliés vers le sinus basilaire et jusque sur les lèvres du sinus ; face supérieure d'un vert foncé et luisante, face inférieure à bouquets de poils longs, assez abondants. — *Grappe* sur-moyenne, épaisse, ramassée et non ample, tassée, tronc-conique, ayant assez souvent une aile assez grosse ; *grains* moyens ou sous-moyens, sub-globuleux, pulpe assez abondante, d'un rouge vineux foncé.

OBSERVATIONS

SUR LES

ALICANTES-BOUSCHET

(ALICANTE-HENRI BOUSCHET ET ALICANTE-BOUSCHET N° 2, ALICANTE-
BOUSCHET EXTRA-FERTILE, ALICANTE-BOUSCHET N° 1)

Nous croyons utile de réunir sous un même titre les données
directes ou comparatives qui se rapportent aux Alicantes-Bouschet :
Henri et *N° 2*, *N° 1*, *Extra-fertile*. Ce sont ces variétés que les
viticulteurs ont en vue dans la désignation générale, mais confuse
d'ALICANTE-BOUSCHET. Cette confusion est d'ailleurs fort admissible,
car les différences, tant au point de vue des caractères ampélographiques qu'à celui même de leur valeur culturale, se maintiennent
dans des limites qu'on ne peut assigner qu'après des observations
suivies et fort attentives. Elles peuvent même, par suite de leur
faible importance, amener à induire qu'elles sont dues à des cas
d'individualisations, fixées par la sélection, plutôt qu'à des caractères propres de races distinctes.

C'est dans l'étude de ces variétés que j'ai eu le plus de difficulté
à me reconnaître ; c'est seulement par des comparaisons assez
minutieuses qu'il m'a été possible de les caractériser et de les déli-
miter par les descriptions que je viens de donner. Il est donc essentiel de les comparer dans tous les éléments d'appréciation pour
faire ressortir la valeur des caractères distinctifs, mais secondaires,
qui ont permis de les spécifier.

Origine. — Les Alicantes-Bouschet : HENRI et N° 2, N° 1, EXTRA-
FERTILE, sont tous dus au croisement du *Petit-Bouschet* et de l'*Alicante* ou *Grenache*, de même que beaucoup d'autres variétés
d'Alicantes-Bouschet que nous étudierons ; ce sont des hybrides de
2° croisement auquel ont concouru, par le Petit-Bouschet, le Teinturier et l'Aramon, puis l'Alicante.

L'*Alicante-Henri Bouschet* et l'*Alicante-Bouschet N° 1* ont été obtenus en 1855 ; l'*Alicante-Bouschet N° 2* provient, dit Henri Bouschet dans ses notes manuscrites : « du croisement des deux mêmes souches de la vigne de la Garance, de la Calmette, qui avaient produit en 1855, c'est-à-dire 10 ans auparavant, l'Alicante-Bouschet N° 1 » ; il a donc été créé en 1865. Quant à l'*Alicante-Bouschet Extra-fertile,* nous pensons, sans pouvoir l'affirmer, car des documents absolument précis nous manquent à cet égard, qu'il date de 1855.

Les Alicantes-Bouschet : N° 1 et N° 2 ont été ainsi dénommés par Henri Bouschet ; c'est sous ce nom qu'il les a classés à l'Ecole d'agriculture de Montpellier, quand il établit sur *Taylor* la plupart de ses variétés, en 1878 et 1879 ; il a aussi dénommé l'*Alicante-Bouschet Extra-fertile,* ainsi que le prouvent ses notes manuscrites. Quant à l'*Alicante-Henri Bouschet*, ce sont ses fils, MM. Joseph et Gabriel Bouschet, qui l'ont répandu sous ce nom, après la mort de leur père. Cette variété correspondrait, en effet, dans les plan et répertoire manuscrits qu'il a laissés, à l'indication unique d'*Alicante innommé (à nommer),* avec la désignation de sa place, à la vigne de la Prade, au milieu des autres Alicantes, surtout des N° 2. Ces quatre Alicantes-Bouschet paraissent donc bien avoir une origine propre, du moins d'après les documents qui nous ont été fournis ou que nous avons pu consulter.

En considération des mêmes raisons que celles données au sujet de l'Aramon-Teinturier-Bouschet, les Alicantes-Bouschet : *Extra-fertile* et *N° 1,* pouvant être définis ampélographiquement, on doit leur conserver le nom qui a été donné par leur auteur. L'ALICANTE-HENRI BOUSCHET et l'ALICANTE-BOUSCHET N° 2 ont été obtenus, nous venons de le dire, à dix ans d'intervalle ; leurs caractères et leur valeur culturale n'en sont pas moins identiques. Les différences que l'on pourrait établir entre eux sont, ainsi que nous le verrons, sans aucune valeur. J'affirme, après un examen comparatif et souvent répété de souches d'origine certaine et placées côte à côte dans les collections d'Henri Bouschet et dans plusieurs vignobles, qu'il est *impossible de les séparer, même par un seul caractère secondaire, tant ampélographique que cultural.* La description de l'Alicante-Henri Bouschet est donc celle de l'Alicante-Bouschet

N° 2 ; je les considère comme synonymes, sinon de date, du moins de fait, ce qui est le plus important pour le viticulteur.

A quoi se rapporte ce que l'on a désigné vulgairement, jusqu'à ces dernières années, et ce que l'on désigne encore sous le nom *tout simple* d'*Alicante-Bouschet ?* Henri-Bouschet avait, depuis assez longtemps, répandu l'Alicante-Bouschet dans les vignobles méridionaux de France, dans le Médoc,... en Espagne... On le trouve cité dans certaines publications depuis 1872, comme résultant d'une hybridation faite en 1855. On nous l'a montré sous ce nom dans beaucoup de vignobles de l'Hérault, du Gard, de la Drôme, des Pyrénées-Orientales,... où il se trouve depuis 1879, 1880, 1882. Nous n'avons *jamais* rien reconnu de spécial dans les caractères d'aucun des ceps que nous avons examinés : l'Alicante-Bouschet *ordinaire* est ou l'Alicante-Bouschet Extra-fertile, ou l'Alicante-Bouschet N° 1, ou l'*Alicante-Henri Bouschet*, mais, sans jouer au paradoxe, on peut dire qu'il n'est jamais lui. J'affirme que dans beaucoup de vignobles se trouvent sûrement, non-seulement l'Alicante-Bouschet N° 1, qui est le plus commun, ou l'Alicante-Bouschet extra-fertile, mais aussi l'*Alicante-Henri Bouschet*. Je dois à la vérité d'exprimer nettement ma pensée sur ce point.

Henri Bouschet a donc tout d'abord répandu indistinctement (1) ces diverses variétés d'Alicantes-Bouschet, d'ailleurs toutes de grande valeur. Mais son esprit observateur l'a amené, après une étude consciencieuse et plus approfondie pendant plusieurs années des individus d'origine différente, à reconnaître des différences dans leur valeur fructifère et vinifère. Il a indiqué, dans ses notes personnelles, les variétés qui lui paraissaient avoir le plus de mérite et a signalé surtout parmi elles l'*Alicante-Bouschet N° 2* et l'*Ali-*

---

(1) Parmi les aquarelles de raisin qu'a fait exécuter Henri Bouschet sous sa direction, bien avant sa mort, et qu'il destinait à la publication d'un travail sur les Hybrides-Bouschet, aquarelles que Mme Ve Henri Bouschet nous a généreusement communiquées, s'en trouve une avec l'étiquette suivante : « *Alicante-Bouschet.* Semis de 1855. Hybride du 2e degré, issu du Petit-Bouschet et du Grenache. » Or, tous les caractères de la grappe sont identiques à ceux du même organe de l'Alicante-Henri Bouschet, qui n'avait pas été encore désigné. C'est là un document que nous considérons comme indiscutable, et certifiant le fait de l'existence de l'Alicante-Henri Bouschet dans les vignobles depuis plusieurs années.

cante-Bouschet innommé (Alicante-Henri Bouschet). Ses fils n'ont
usé que d'un juste droit, que personne ne saurait leur contester, en
propageant ensuite, suivant leur valeur, les diverses variétés d'Alicantes-Bouschet que leur père avait distinguées. Ils n'ont pas moins
eu le droit d'user d'une liberté fort juste, en dénommant sous le
nom d'ALICANTE-HENRI BOUSCHET, celle que leur père appréciait au
plus haut degré, à cause de la valeur de ses fruits et de sa fructification. Le nom d'HENRI BOUSCHET, donné à l'Alicante-Bouschet le
plus méritant, est un juste tribut qu'ils ont payé à la mémoire de
leur père, car il est incontestable que c'est sa plus belle création.
J'ai cru devoir maintenir ce nom, pour me conformer à ce pieux
sentiment, qui est sans doute fort louable, mais dont je pourrais ne
pas me préoccuper dans cette étude. Je le conserve surtout parce
qu'il répond à quelque chose de défini par des caractères propres,
qu'il est adopté par l'usage, et que cette désignation est plus simple
et plus commode que celle d'Alicante-Bouschet N° 2, son semblable, de création plus récente, la seule qu'on pourrait lui opposer.

Ampélographie comparée. — Les Alicantes-Bouschet *Henri
N° 1, Extra-fertile,* forment un groupe à feuilles révolutées, à
grappes et à grains sur-moyens, bien distincts des autres cépages
de même origine ancestrale, dont nous aurons à parler, et qui ont
la plupart les feuilles planes et les grappes tassées, à grains tout au
plus moyens.

Ils ont conservé de l'*Alicante* ou *Grenache* (1) la force de la souche et la coloration du bois, avec une nuance un peu plus vineuse
qu'ils tiennent du Petit-Bouschet. « L'extrémité du sarment du Grenache, dit M. Marès (2), s'aoute souvent assez mal et se dessèche. »
C'est un peu ce qui a lieu pour les Alicantes-Bouschet; assez généralement les vrilles tombent de bonne heure. Le port est celui du
Petit-Bouschet, il n'est pas érigé comme celui du Grenache ; le
bourgeonnement est plus tomenteux, mais la coloration de la face
supérieure des jeunes feuilles ressemble assez au « roux clair et

---

(1) **Synonymes de l'Alicante.** — *Grenache, Grenache Noir, Grenache, Bois
Jaune, Alicant, Roussillon, Rivesaltes, Carignan Jaune, Redondal, Tinto, Granaxa,
Aragonais, Sans-Pareil* (d'après MM. Pulliat, Marès, Pellicot, Odart).

(2) *Livre de la Ferme,* T. II, p. 178.

jaunâtre, passant au vert clair (1) », des jeunes feuilles du Grenache.

Dans leurs dimensions relatives, les feuilles adultes se rapprochent de celles du Grenache, mais le sinus pétiolaire est bien moins ouvert, les découpures moins accusées. La teinte plus foncée de la face supérieure, le tomentum aranéeux de la page inférieure, qui n'existe sur aucune partie des feuilles du Grenache, l'asymétrie par rapport à la nervure centrale, et surtout l'incurvation des bords, sont des caractères bien spéciaux à ces trois cépages. Ils n'ont du Petit-Bouschet que le rougissement du limbe à l'automne ; ils tiennent cependant de celui-ci par la précocité dans l'époque de la maturation.

Leur grappe n'est pas tassée comme celle de l'Alicante, elle est moins ample que celle du Petit-Bouschet ; elle a cependant dans sa forme générale plus de rapports avec celle du Grenache, surtout par la forme même et l'abondance de la pruine des grains, et la persistance assez constante d'une aile assez développée. La grosseur des grains est plus semblable à celle des baies du Petit-Bouschet, ils sont, dans tous les cas, plus gros que ceux du Grenache ; la coloration du jus tient de celle du Petit-Bouschet, avec une nuance plus vive et plus intense.

Comparés entre eux, les Alicantes-Bouschet : *Henri, Nº 1*, *Extra-fertile*, ne présentent, nous l'avons dit, dans leurs caractères ampélographiques, que des différences assez secondaires, qui pourraient faire admettre que ce ne sont que des variantes d'une même race, fixées par la sélection des boutures. Nous avons affirmé que l'Alicante-Henri Bouschet et l'Alicante-Bouschet Nº 2 étaient identiques par tous leurs caractères et toutes leurs propriétés : abondance de fructification, couleur et qualités du jus, époques de végétation, forme de la grappe, bourgeonnement, teinte du bois... On a cependant voulu voir quelques différences, fort légères on l'avoue, dans d'autres caractères : ainsi l'Alicante-Henri Bouschet aurait un jus *un peu plus* sucré, partant un vin plus alcoolique et plus foncé que l'Alicante-Bouschet Nº 2, qui serait lui *un peu plus* fructifère, à grains *peut-être* plus gros, à maturité *un peu plus* précoce (1 ou 2 jours!), à

(1) *Le Vignoble*, T. III, p. 17.

port *un peu plus* étalé, à souche *un peu moins* vigoureuse, à ramifications latérales *un peu plus* nombreuses.... Ces prétendues différences en plus ou moins ne sont, dans ce cas, que de pures appré-
ciations de sentiment.

On ne peut établir de distinctions par les feuilles entre l'Alicante-
Henri Bouschet et l'Alicante-Bouschet N° 1; seul l'Alicante-Bouschet
Extra-fertile a quelques caractères spéciaux dans ces organes,
tranchés seulement à une époque relativement avancée de la végétation. Les feuilles sont en effet d'un vert plus foncé, à limbe moins
développé, à découpures sensiblement plus accusées, à variations
moins grandes dans l'ouverture du sinus pétiolaire. Les principaux
caractères différentiels résident dans le retournement des bords,
qui est bien plus prononcé chez cet Alicante-Bouschet que chez
aucun autre, et dans la teinte qui s'accuse le plus en rouge vineux
noirâtre à l'automne. L'Alicante-Bouschet Extra-fertile est alors
reconnaissable à distance, par cette coloration, au milieu de tous les
autres Hybrides-Bouschet. Pourrait-on encore objecter que ce caractère d'accentuation remarquable dans l'intensité de la coloration
ne serait qu'un accident fixé par la sélection de certaines boutures
d'un pied où les autres sarments auraient des feuilles moins colorées ou même non colorées ; nous le considérons comme de valeur,
par suite de sa persistance. La vigueur de l'Alicante-Bouschet Extra-
fertile, est inférieure à celle des deux autres Alicantes-Bouschet.
son port est nettement plus étalé, c'est le plus rampant de tous les
Alicantes-Bouschet. La grappe, comparée à celle de l'Alicante-Henri
Bouschet, est moins ample, plus tronquée et plus courte ; l'aile n'est
pas constante, elle est toujours asez peu développée. La maturité a
lieu à la même époque.

Les différences que présente l'Alicante-Henri Bouschet avec l'Alicante-Bouschet N° 1 sont moins considérables que celles qui le distinguent de l'Alicante-Bouschet Extra-fertile. D'une façon générale,
— comparées évidemment dans le même terrain et au même âge, —
les feuilles de l'Alicante-Bouschet N° 1 sont plus grandes et à tomentum plus dense; c'est tout. Les seuls caractères différentiels de valeur sont fournis par la forme de la grappe ; ils nous ont paru suffi-
sants pour séparer l'Alicante-Henri Bouschet de l'Alicante-Bouschet N° 1.

A maturité égale, peu de différence au point de vue de l'intensité de la coloration et de la quantité de sucre. Ils ont tous les deux une grappe ailée, mais l'aile est toujours moins développée, relativement à la grappe, chez l'Alicante-Bouschet N° 1 ; celle de ce dernier est moins développée et surtout plus tassée; en outre, les grains, moins pruinés, sont aussi plus faibles de dimensions. Ils sont entremêlés de grains verts, plus nombreux vers la base; leur maturité, un peu irrégulière, s'accomplit plus tardivement, sans que les distances soient cependant considérables, mais elles sont réelles.

Les caractères propres à l'*Alicante-Henri Bouschet*, en plus de son abondance de fructification, supérieure à celle de ces deux derniers, sont exprimés par le résumé que nous en avons donné. Ils résident surtout, exclusivement rapportés à l'Alicante-Bouschet Extra-fertile et l'Alicante-Bouschet N° 1 et outre ce que nous venons de dire, dans la forme de la grappe qui est ample, plus grosse et à aile bien développée.

Moût et Vin. — Les vins d'Alicante-Henri Bouschet (échantillon N° 1) et celui de l'Alicante-Bouschet N° 1, nous ont été fournis par M. Bouisset, de Montagnac (vignes de plaine, dans les mêmes conditions que celles d'où sont provenus les autres échantillons, pour l'Alicante-Henri Bouschet; vignes de Soubergue, pour l'Alicante-Bouschet N° 1). — Les vins N° 2 et N° 3 d'Alicante-Henri Bouschet ont été récoltés chez M. de Fortanier (plaine fertile de Soriech). — Le vin d'Alicante-Bouschet Extra-fertile a été récolté chez M. J. Lavit, à Canet, dans un terrain d'alluvion très riche, silico-argileux ; les souches qui l'ont fourni étaient à leur deuxième production et greffées sur Solonis de cinq ans.

La faiblesse relative du degré alcoolique des vins d'Alicante-Henri Bouschet (N° 1 et N° 2) est due à ce que les raisins ont été récoltés un peu verts et aussi à ce qu'ils ont été pris sur des souches qui n'étaient qu'à leur première production.

Les moûts N° 1, 2 et 3 de l'Alicante-Henri Bouschet, N° 1 de l'Alicante-Bouschet Extra-fertile et N° 2, de l'Alicante-Bouschet N° 1, proviennent de chez M. Lavit (mêmes conditions que celles indiquées pour le vin de l'Alicante-Bouschet Extra-fertile); — le N° 4 de l'Alicante-Henri Bouschet et le N° 2 de l'Alicante-Bouschet Extra-fertile, de l'École d'Agriculture de Montpellier (greffes à leur première production); le N° 1 de l'Alicante-Bouschet N° 1, du même lieu, mais de greffes faites en 1878.

	Alicante-Henri Bouschet				Alicante-Bouschet extra-fertile		Alicante-Bouschet N° 1	
	N° 1	N° 2	N° 3	N° 4	N° 1	N° 2	N° 1	N° 2
Densité (d'après Beaumé), à 15°....	9° 68	9° 20	9° 18	11°	8° 18	11°	9° 87	8° 24
Sucre (en glucose) par litre........	165gr 23	157gr 5	155gr 15	186gr 3	136gr 21	184gr 93	167gr 30	138gr 35
Acidité (en acide sulfurique) par litre	5 86	5 86	»	5 77	6 56	7 69	3 75	5 52

Composition du Vin (Analyses de M. A. Bouffard)

	Alicante-Henri Bouschet			Alicante-B^t extra-fertile	Alicante-B^t N° 1
	N° 1	N° 2	N° 3		
Intensité colorante (rapportée au vin d'Aramon),............	5Ar	»	»	2Ar 9	3Ar 8
Densité.................	1000	996, 8	997, 0	999, 5	999, 8
Alcool, par litre....................	5° 5	7° 8	10° 7	7° 5	7° 5
Acidité (en acide sulfurique), par litre....................	10gr 06	4gr 06	3gr 82	3gr 56	4gr 72
Bitartrate de potasse, —	5 79	3 44	3 09	3 17	4 29
Acide tartrique, —	0 188	0 190	0 212	0 060	0 276
Extrait sec.. { dans le vide à la température ordinaire, par litre.	»	26 0	26 8	26 0	25 2
à 100°.........................	26 7	22 8	23 6	23 5	20 5
Glycérine et matières volatiles à 100°.......................	»	7 8	9 6	5 6	5 6
Cendres .....{ solubles................................	1 74	0 76	1 42	1 62	2 40
insolubles..............................	0 66	1 04	1 0	1 90	0 84
totales...............................	2 40	1 80	2 42	3 52	3 24

Culture. — L'abondance de fructification soutenue de l'ALICANTE-HENRI BOUSCHET, supérieure dans son ensemble à celle de l'Alicante-Bouschet N° 1 et de l'Alicante-Bouschet Extra-fertile, la régularité parfaite dans sa maturité et dans sa vigueur doivent incontestablement le faire préférer à ces deux derniers cépages, qui ne sont cependant pas sans valeur.

Il est évident qu'on peut les conserver là où ils existent, mais dans les nouvelles plantations ou les nouveaux greffages, c'est l'Alicante-Henri Bouschet que l'on doit préférer à tout autre, dans les milieux qui lui conviennent. L'Alicante-Bouschet N° 1 et l'Alicante-Bouschet Extra-fertile n'ayant, par rapport à l'Alicante-Henri Bouschet, aucune qualité spéciale, on doit renoncer à les multiplier, malgré qu'ils s'écartent peu, par leurs propriétés, du type que l'on considère à juste titre comme le plus parfait.

L'Alicante-Henri Bouschet mérite certainement toute la faveur qu'on lui accorde actuellement; c'est réellement la plus belle création d'Henri Bouschet, supérieure même au Petit-Bouschet. Sa production dépasse en poids celle de ce dernier, mais le rendement en vin du Petit-Bouschet, rapporté à l'hectare, est un peu supérieur, malgré que le nombre de grappes de l'Alicante Henri-Bouschet soit plus grand par pied de souche. L'Alicante-Henri Bouschet le surpasse de beaucoup par la beauté et l'intensité de la coloration, la richesse alcoolique et les qualités de son vin.

Le débourrement de l'Alicante-Henri Bouschet est assez tardif, sa maturité est précoce. Par suite de ces deux avantages, fort précieux partout, ce cépage est appelé à rendre des services non-seulement dans les contrées méridionales de la France, de l'Italie, en Espagne, Algérie, Tunisie...., mais aussi dans certains vignobles septentrionaux, tels ceux du centre de la France, certains vignobles de la Gironde et même des coteaux des bords du Rhône, où l'on ne recherche qu'une richesse relative des vins que l'on produit. Il est évident, qu'en admettant qu'à cause de ses qualités de fertilité et de coloration, il puisse jouer un certain rôle dans des vignobles à crus un peu fins, ce rôle sera toujours restreint, car son vin tient, au point de vue de la finesse, des défauts de la plupart des vignes HYBRIDES-BOUSCHET.

L'Alicante-Henri Bouschet peut être cultivé, dans le Midi, dans tous les milieux ; nous croyons cependant que dans les plaines très riches l'*Aramon* conservera toujours la plus grande place; mais dans les terres franches, dans les coteaux à bon fonds surtout, et en somme dans la plupart des terres à vigne, il doit être le cépage prédominant, et cela à cause de sa vigueur, de sa grande production, de la précocité de sa maturité, et des qualités alcoolique et colorante de son vin. Dans les vignobles à grande production, où les deux éléments dominants seront l'*Aramon* et l'*Alicante-Henri Bouschet*, on fera fermenter la vendange de l'Aramon sur les marcs soutirés de l'Alicante-Henri Bouschet, qui céderont encore beaucoup de couleur.

On peut conduire l'Alicante-Henri Bouschet à la taille courte ; sa grande vigueur permettra même probablement de le soumettre à certains systèmes de taille à plus grand développement que celui que l'on suivra dans les vignobles méridionaux. Un cépage aussi fructifère doit être soutenu par de fortes fumures, combinées suivant les sols, et appliquées, dans la majorité des cas, toutes les années.

Les observations sur les vins de l'Alicante-Henri Bouschet ne sont pas encore suffisantes, ni poursuivies pendant un assez grand nombre d'années, pour savoir si les vins purs conservés n'auront pas tendance aux mêmes défauts que ceux du *Grenache*. On n'aura cependant que fort rarement intérêt à les faire isolément et encore moins à les faire vieillir. On ne peut non plus donner des indications précises sur le plus ou moins de résistance de cette variété aux divers agents atmosphériques et aux parasites (insectes ou cryptogames). Le mildiou n'exerce pas sur lui les mêmes ravages que sur le Grenache ; l'Alicante-Henri Bouschet rentre dans la catégorie des cépages relativement résistants ; l'Alicante-Bouschet Extra-fertile y est plus sujet. Le Peronospora l'attaque cependant quelquefois assez fortement, mais il ne développe pas sur les feuilles de grandes taches; il ne s'y montre que par séries de ponctuations qui peuvent être très nombreuses, il est vrai, mais qui sont toujours restreintes dans leurs dimensions. Elles prennent au début, sur le fond vert de la feuille, non une teinte jaune, comme c'est le cas général, mais une nuance vineuse. Ce cépage n'a pas une immunité aussi grande que le Petit-Bouschet ni que l'Aramon ; c'est un de ceux qui subissent le moins les effets du *Black Rot*.

Certains viticulteurs nous ont assuré que, dans la Gironde, les Alicantes-Bouschet (?) étaient très sujets à l'Anthracnose. Dans certains milieux, elle causerait, malgré les traitements, des dégâts si considérables sur les fruits, que l'on serait obligé, là où cette maladie prend un grand développement, à renoncer à la culture de ces cépages. Ces faits demandent confirmation.

On n'a pas encore d'observations assez nombreuses pour préciser les porte-greffes qui conviennent le mieux à l'Alicante-Henri Bouschet ; nous l'avons vu greffé sur Vialla, Jacquez, Riparias, Solonis, Rupestris..., sans constater de bien grandes différences, tant au point de vue de la vigueur que de la perfection des soudures.

ALICANTE-BOUSCHET A SARMENTS ÉRIGÉS

DESCRIPTION

Souche vigoureuse, à *port* érigé, *tronc* fort, *écorce* très rugueuse en lanières irrégulières.

Rameaux allongés, légèrement sinueux, uniformes de grosseur sur leur longueur, à ramifications latérales peu nombreuses; d'un vert assez foncé à l'état herbacé et nuancé de rose vineux sale sur certaines parties; prenant à l'aoûtement une teinte gris jaunâtre terne, avec raies d'un marron clair ; — *mérithalles* moyennement allongés, aplatis, lisses, non pruineux, à stries fines, bien délimitées; nœuds à peine accusés ; bois vert à l'intérieur, assez dur, moelle très épaisse et lâche; diaphragmes peu épais ; — *vrilles* discontinues, assez longues, grêles, glabres et luisantes, d'un jaune clair et un peu estompées de rose, bifurquées.

Bourgeons petits sur les sarments aoûtés; — *jeunes feuilles* assez épaisses, entières, les lobes indiqués seulement par des dents plus longues, tomentum laineux sur les deux faces ; la face supérieure devient bientôt glabre, d'un jaune verdâtre uniforme, et luisante ; petites dents glanduleuses, peu détachées, jaunes ; aucune teinte brune comme dans la plupart des hybrides ; — *grappes de fleurs* vertes, envinées au sommet, sans bractées.

Feuilles moyennes, un peu allongées, épaisses et coriaces, peu profondément trilobées, sur certaines feuilles le lobe terminal est assez détaché en lyre, de légères échancrures indiquent rarement la place des sinus latéraux inférieurs, les sinus latéraux supérieurs ouverts mais non profonds; — *sinus pétiolaire* profond, et en V, aigu à la base, étroit et presque fermé sur toute sa longueur ; limbe fortement bullé entre les nervures principales, gaufré entre les nervures secondaires, mais non réfléchi sur les bords, formant un peu gouttière sur chacun des lobes ; — *face supérieure* d'un vert assez foncé, à peine luisante, contrairement aux autres Alicantes-

Bouschet ; — *face inférieure* d'un vert plus clair et terne, avec léger tomentum aranéeux dispersé ; — deux séries de *dents* larges, obtuses, peu délimitées et peu profondes, à mucron rouge jaunâtre ; — *nervures* d'un jaune clair et formant creux à la face supérieure, fortes et bien proéminentes à la page inférieure. — *Pétiole* fort, assez court, d'un vert clair et un peu luisant, formant un angle presque droit avec le plan du limbe.

Les feuilles se colorent tard à l'automne et moins que celles des autres Alicantes-Bouschet ; la teinte débute par le bord des lobes, elle progresse en restant délimitée, mais s'étend peu ; avant de sécher, elles prennent une teinte générale claire, carmin sale.

Fruits. — GRAPPES insérées à partir des deuxième et troisième nœuds ; — moyennes ou sur-moyennes, épaisses, pyramidales et obtuses au sommet, denses, le plus souvent simples, ayant parfois une aile assez forte et bien garnie, fixée sur le renflement du pédoncule qui, dans quelques cas, ne porte qu'une vrille ; — *pédoncule* court, gros, d'un vert clair, très dur, mais non ligneux à l'insertion ; rafle verte à la maturité, mais dure ; — *pédicelles* assez longs, verts ; bourrelet aplati et peu développé, enviné et avec grosses verrues brunes, très apparentes ; les grains s'en séparent assez facilement, et laissent adhérent un gros et court pinceau fortement coloré.

GRAINS très serrés, de deux grosseurs, sous-moyens ou parfois petits, sphériques ou légèrement discoïdes, déprimés par la pression, avec lenticelles à la surface, peu luisants au dessous de la pruine assez abondante ; d'un noir foncé ; stigmate large, bien apparent au centre ; — *peau* assez peu épaisse, élastique et assez résistante ; — *pulpe* fondante, à saveur sucrée et un peu fine, jus abondant, d'un rouge foncé brillant. — GRAINES : deux et trois par grain.

RÉSUMÉ

Souche vigoureuse, à port érigé, à bois de l'année d'un gris jaunâtre terne ; jeunes feuilles entières, d'un jaune verdâtre uniforme à la page supérieure. — *Feuilles* moyennes, un peu allongées, peu profondément trilobées, fortement bullées et gaufrées, sinus pétiolaire en V profond et presque fermé ; face supérieure d'un vert assez foncé, avec léger tomentum aranéeux sur le revers. — *Grappe* moyenne, épaisse et pyramidale, très dense, pédoncule très dur à l'insertion ; grains sous-moyens, sphériques, déprimés par la pression ; pulpe à jus d'un rouge brillant.

OBSERVATIONS

Origine. — L'ALICANTE-BOUSCHET A SARMENTS ÉRIGÉS provient d'une hybridation, faite par Henri Bouschet en 1855, entre le *Grenache* et le *Petit-Bouschet* ; il l'a dénommé ainsi à cause du port des sarments. Ce cépage a donc comme ancêtres les mêmes vignes que les Alicantes-Bouschet à feuilles révolutées, que nous venons d'étudier. Il est cité dans les publications depuis 1872, mais il n'a été répandu que dans ces dernières années, surtout depuis quatre ou cinq ans; il reste encore limité dans les vignobles du Midi, il n'est cependant pas rare.

Ampélographie comparée. — L'ALICANTE-BOUSCHET A SARMENTS ÉRIGÉS est nettement défini parmi tous les autres Alicantes-Bouschet ; il ne peut donner lieu à confusion dans aucun de ses caractères. Ses feuilles ne rappellent aucunement celles du Grenache; elles auraient plutôt quelques relations avec celles du Petit-Bouschet, mais sont-elles encore fort éloignées. L'aspect fortement gaufré du limbe, qui n'est pas replié sur les bords et d'un vert terne à la page supérieure, offre quelques ressemblances avec les feuilles de la Carignane.

Le port de ce cépage est presque aussi érigé que celui du *Mourvèdre* ou *Espar*. Par ce caractère, il ressemble le plus, parmi tous les Alicantes-Bouschet, au Grenache, dont il a aussi la vigueur et la force de la souche. Les sarments ne s'étalent qu'assez tard ; comme ils sont allongés, ce caractère spécial du port des rameaux n'est pas aussi évident avant la maturité et à la fin de la végétation.

La grappe a, dans tous ses caractères, les rapports les plus intimes avec celle du Grenache ; c'est de tous les Alicantes-Bouschet, celle qui lui est le plus comparable.

Moût et vin. — Les moûts N° 1 et N° 2 et le vin N° 1 ont été fournis par M. J. Lavit ; le vin N° 2 par M. de Fortanier, le vin N° 3 par M. Bouisset (mêmes conditions de porte-greffes et de milieu que celles indiquées pour les moûts et vins de même origine).

8*

Composition du Moût

	N° 1	N° 2
Densité, d'après Beaumé, à 15°..............	10° 25	11° 18
Sucre (en glucose), par litre.................	175gr 23	192gr 53
Acidité (en acide sulfurique), par litre........	4 63	4 11

Composition du Vin (Analyses de M. A. Bouffard)

	N° 1	N° 2	N° 3
Intensité colorante (rapportée au vin d'Aramon).......................	3Ar	2Ar 7	2Ar 5
Densité...........................	997, 8	996, 9	1000, 0
Alcool, par litre	7° 8	8°	7° 7
Acidité (en acide sulfurique), par litre...	3gr 50	4gr 08	5gr 4
Bitartrate de potasse,　　　— ...	3 58	3 69	3 94
Acide tartrique,　　　— ...	0 034	40 778	0 426
Extrait sec... { dans le vide à la température ordinaire, par litre,...........	24 42	3 0	26 8
à 100°, par litre.......	21 7	19 7	22 8
Glycérine et matières volatiles à 100°, par litre......................	9 0	7 4	5 0
Cendres ..... { solubles, par litre....	1 36	0 92	1 42
insolubles, —	1 10	0 92	0 83
totales, — ...	2 46	1 84	2 25

Culture. — La production de l'ALICANTE-BOUSCHET A SARMENTS ÉRI-GÉS est loin d'atteindre celle de l'Alicante-Henri Bouschet ; elle n'é-gale même pas celle du Grenache, mais elle lui est peu inférieure. La grande qualité de ce cépage est surtout due à sa maturité pré-coce, antérieure de quelques jours à celle de l'Alicante-Henri Bous-chet, à la richesse alcoolique et à l'intensité de coloration de son vin, qui surpassent celles des produits de ce dernier.

On attribue à cette vigne, à cause de son port érigé, un intérêt réel, mais que je ne considère cependant pas comme de grande importance ; il permettrait de donner des façons d'été pendant plus longtemps avec les instruments attelés. Ce serait avantageux surtout pour les sols secs ; or, c'est sur les coteaux secs et peu fertiles que cette variété est appelée à rendre des services. Nous croyons que,

par suite des propriétés que nous avons énoncées et de sa fructification régulièrement soutenue, elle doit y être multipliée de préférence à toute autre. C'est dans ces terrains que domineront, comme
porte-greffes, les *Solonis, Rupestris, York-Madeira*.., avec lesquels
elle s'adapte très bien au greffage.

L'ALICANTE-BOUSCHET A SARMENTS ÉRIGÉS est très attaqué par le
Mildiou, bien plus que l'Alicante-Henri Bouschet, presque autant
que le Grenache. C'est là un défaut, qui d'ailleurs ne serait pas
grave, si on le cultivait sur les coteaux, en supposant même que les
procédés de traitement contre le Peronospora ne soient pas d'une
efficacité absolue.

ALICANTE-BOUSCHET A FEUILLES DÉCOUPÉES

Ce cépage, ainsi nommé par Henri Bouschet, est un hybride du troisième degré, auquel ont concouru le *Bouschet à feuilles lisses* (obtenu en 1829 du croisement de l'Aramon et du Teinturier), qui a servi à féconder l'Alicante, en 1855. Il mûrit aussitôt que l'Alicante-Bouschet à sarments érigés; son jus est bien coloré; il est fructifère, mais il coule parfois beaucoup (La Prade).

Ce cépage est assez répandu ; nous croyons qu'il ne doit pas être propagé dans la culture avant que l'on n'ait des données plus positives sur sa valeur.

Par son feuillage. l'ALICANTE-BOUSCHET A FEUILLES DÉCOUPÉES a de très grands rapports avec l'Alicante. Ses feuilles planes ou lisses sont peu luisantes et glabres sur les deux faces, tri ou quinquélobées ; les sinus latéraux supérieurs sont profonds. La grappe n'est pas tassée comme celle du Grenache ; les grains ont cependant la même grosseur et la même forme ; le bois, la même coloration. La souche est très forte et vigoureuse.

COMPOSITION DU VIN (Analyses de M. A. Bouffard)

Intensité colorante (rapportée au vin d'Aramon)............	2^{Ar}6
Densité..	996,6
Alcool, par litre..	10°4
Acidité (en acide sulfurique) par litre......................	4^{gr}04
Bitartrate de potasse, —	3 72
Extrait sec... { dans le vide à la température ordinaire......	26 8
à 100°..................................	21 9
Glycérine et matières volatiles, à 100°.....................	7 4
Cendres..... { solubles................................	1 08
insolubles.............................	0 90
totales.................................	1 98

Cet échantillon provient du domaine de Soriech, à M. de Fortanier.

ALICANTE-BOUSCHET A GRAINS OBLONGS

C'est l'Alicante-Bouschet qui a les grains les plus gros ; leur forme est plutôt sphérique qu'oblongue. Le seul intérêt de cette variété réside dans la grosseur des baies qui arrivent normalement à maturité ; elle est assez fructifère, mais son jus est moins coloré que celui de la plupart des autres Alicantes-Bouschet. Elle a, en outre, le grave défaut d'avoir les fruits millerandés ; parfois la moitié des grains restent avortés. Les feuilles, assez analogues à celles du Grenache, sont planes et lisses, glabres et petites.

Voici ce que dit Henri Bouschet, dans ses notes manuscrites, sur l'origine de cette variété : « Hybridation en 1865 de l'Alicante-Bouschet et du Piquepoul gris. Je ne pense pas que la fécondation ait eu lieu, et je suis à peu près convaincu que les pepins semés de l'Alicante-Bouschet avaient été fécondés par le pollen de leur propre fleur ; les souches qui en sont provenues n'ont varié que très peu. »

ALICANTE-BOUSCHET PRÉCOCE, OU N° 5

Henri Bouschet a obtenu cette variété, en 1855, par le croisement du Petit-Bouschet et de l'Alicante. Cette vigne n'est pas sans valeur : sa maturité est en effet très précoce, elle mûrit avant tous les autres types d'Alicantes-Bouschet ; maturité de première époque avant le Chasselas, d'après les notes d'Henri Bouschet, qui contiennent les indications suivantes ; « En 1866, maturité le 1er août ; en 1867, mûrs le 7 août ; je les ai présentés à la Société d'Agriculture. Débourrement moyen. »

Le vin de l'ALICANTE-BOUSCHET PRÉCOCE est très alcoolique et d'une coloration très foncée, une des teintes les plus intenses des Hybrides-Bouschet, presque aussi accusée que celle de l'*Aspiran-Bouschet*, mais moins belle. Il nous paraît seulement avoir tendance à tourner assez vite au jaune; nous ne l'avons pas cependant suivi assez longtemps pour pouvoir préciser cette assertion.

Henri Bouschet dit que cette variété est fructifère, mais exigeant la taille longue et intéressante surtout pour les vignobles du Midi. La production est assez faible dans les vignes de *la Prade*, où elle est conduite à la taille courte.

La souche de l'Alicante-Bouschet précoce est forte, comme celle du *Grenache*, et son port érigé identique. Les feuilles ont aussi de grandes ressemblances avec celles de cette variété ; elles sont petites, trilobées, glabres et luisantes sur les deux faces, à gouttière centrale bien prononcée, mais non réfléchies sur les bords. La grappe est cylindrique, tassée, à grains moyens ; elle ne diffère de celle du Grenache que par la coloration intense du jus.

Cette variété nous paraît intéressante ; mais elle ne pourrait avoir une valeur réelle que si, par une sélection successive de boutures, on parvenait à isoler des individus bien fructifères à la taille courte.

ALICANTE-BOUSCHET TARDIF, OU N° 6

Cette variété n'offre aucun intérêt parce qu'elle mûrit tard et surtout parce qu'elle produit très peu, fait constant depuis trois ans que nous la suivons. Les grains moyens sont oblongs et donnent un jus peu coloré en rouge. Elle a été obtenue en 1855 de la fécondation du Grenache par le Petit-Bouschet.

ALICANTE-BOUSCHET N° 7

Variété sans valeur, car ses grappes rares coulent beaucoup ; le jus est cependant des plus colorés, d'intensité égale à celle du jus de l'Alicante-Bouschet précoce.

L'ALICANTE-BOUSCHET N° 7 existe mélangé dans quelques plantations à d'autres Alicantes-Bouschet. Ses feuilles ressemblent assez à celles de l'Alicante-Bouschet N° 1 ; elles sont moins révolutées sur les bords et moins creusées en gouttière.

ALICANTE-B^T A LONGUES GRAPPES, OU N° 8

L'ALICANTE-BOUSCHET N° 8 coule encore plus que le précédent ; les grains, sous-moyens, ne sont souvent qu'en très petit nombre sur la grappe qui est cependant allongée. Il est donc sans valeur aucune.

Son feuillage est un peu spécial ; comme forme les feuilles ressemblent à celles du Grenache, mais elles sont grandes, plus développées que celles de tous les autres Alicantes-Bouschet. Elles sont planes, lisses, glabres sur les deux faces, nettement plus longues que larges — ce qui n'est pas le cas général pour les Alicantes —, faiblement trilobées, à deux séries de dents, les unes très petites, les autres très larges.

V. PIQUEPOULS-BOUSCHET

PIQUEPOUL-BOUSCHET

DESCRIPTION

Souche moyennement vigoureuse, à *port* peu érigé, *tronc* fort et trapu, *écorce* en larges lanières irrégulières.

Rameaux forts, assez longs, à ramifications latérales assez nombreuses, sinueux; — jeunes rameaux avec flocons de poils aranéeux disséminés aux extrémités, d'un vert jaune clair à l'état herbacé, avec raies faiblement nuancées de rose sale; d'un vineux marron clair et luisant à l'aoûtement; — *mérithalles* courts, aplatis, vaguement striés, lisses; nœuds peu renflés; bois dur, moelle épaisse mais dense; diaphragmes épais, plans, vaguement teintés de rose clair; — *vrilles* discontinues, courtes, assez fortes, bi ou trifurquées.

Bourgeons souvent doubles, gros sur le sarment aoûté; — *jeunes feuilles* épaisses, faiblement bullées, à trois lobes prononcés, à tomentum blanc laineux sur les deux faces, s'éclaircissant peu à peu à la face supérieure qui reste d'un vert uniforme; — *dents* prononcées glabres; — *nervures* faiblement envinées.

Feuilles moyennes, presque aussi larges que longues, un peu coriaces, gaufrées et tourmentées, formant un peu gouttière, très profondément quinquélobées, les sinus latéraux larges, profonds et arrondis à leur base, se resserrant un peu à leur ouverture; les lobes latéraux inférieurs bien prononcés, portent parfois une découpure supplémentaire, dans quelques cas accusée ; — *sinus pétiolaire* profond, en V un peu élargi à la base, assez ouvert ; — *face supérieure* d'un vert terne, très foncé, glabre, d'un vert blanchâtre à tomentum assez bien apparent à la *page inférieure* ; — deux séries de *dents* peu obtuses, peu prononcées, mais bien distinctes ; — *nervures* fortes à la face inférieure, d'un rose clair sur les deux faces vers leur origine, et parfois jusqu'au milieu du limbe. — *Pétiole* court, fort, en général un peu canaliculé, légèrement lavé de rose clair, avec quelques petits flocons aranéeux, formant angle droit avec le limbe.

Fleurs courtes, renflées, aplaties et envinées au sommet ; — *étamines* grêles et courtes ; — *disque* vert, peu développé ; — *ovaire* gros, renflé, d'un vert foncé, à petit stigmate sessile.

Fruits. — GRAPPES insérées à partir du premier et deuxième nœud ; — sur-moyennes, tronc-coniques, simples, bien tassées ; — *pédoncule* court, très fort, ligneux sur une grande partie (jusqu'au renflement); rafle d'un vert sale, jaune vers le pédoncule et envinée dans l'intérieur ; — *pédicelles* longs, grêles, à large bourrelet fortement enviné, avec de très grosses verrues bien apparentes ; les grains s'en séparent facilement et abandonnent un court pinceau bien coloré en rouge intense.

GRAINS serrés, avec quelques grains verts entremêlés, de deux grosseurs, sur-moyens et petits, globuleux, un peu discoïdes, luisants au-dessous de la pruine assez abondante, d'un noir violacé ; stigmate persistant au centre d'un ombilic peu marqué ; — *peau* un peu épaisse, mais élastique ; — *pulpe* fondante ou légèrement charnue, jus assez abondant, d'un rouge assez brillant, mais non très foncé. — GRAINES : trois et quatre par baie.

RÉSUMÉ

Souche de vigueur moyenne, à port peu érigé, bois de l'année marron vineux clair. — *Bourgeonnement* duveteux blanchâtre. — *Feuilles* moyennes, presque aussi larges que longues, gaufrées et tourmentées, quinquélobées, sinus pétiolaire en V profond, d'un vert terne foncé à la face supérieure, assez tomenteuses sur le revers. — *Grappe* sur-moyenne, tronc-conique, simple ; *grains* serrés, sus-moyens, globuleux, d'un noir violacé, jus d'un rouge sang.

OBSERVATIONS

Origine. — Le croisement du *Piquepoul gris* et du *Petit-Bouschet* a donné, en 1858, à Henri Bouschet, une vigne qu'il a dénommée PIQUEPOUL-BOUSCHET, et dont il a fait connaître les premiers raisins en 1872, à l'exposition de Lyon. Cette variété n'existe encore que dans peu de vignobles.

Ampélographie comparée. — Nous avons dit que cette variété avait assez de ressemblances avec le *Grand-Noir de la Calmette*, et nous en avons donné les différences. Ses rapports avec le Piquepoul (1) sont assez grands : le bourgeonnement, la forme et les découpures des feuilles, leur aspect finement gaufré, leur teinte foncée à la face supérieure, leur tomentum sur le revers, sont à peu près identiques sur ces cépages. On sait que les nervures du Piquepoul sont rosées à leur origine et que, surtout chez la forme noire, les feuilles prennent une coloration rouge vineux avant leur chute; ces caractères ne sont que plus accusés chez le Piquepoul-Bouschet. La grappe et les grains sont encore fort semblables. Le Piquepoul-Bouschet est un des hybrides qui ont conservé au plus haut degré les caractères propres au second ancêtre. Ses rapports avec le Petit-Bouschet ne se manifestent que dans le port, la coloration du jus et la précocité dans la maturation.

Culture. Le PIQUEPOUL-BOUSCHET mûrit bien avant le Piquepoul, qui est tardif. Henri Bouschet dit qu'il arrive à maturité une vingtaine de jours avant le Carignan et le Morrastel. Il ajoute : « cette vigne me paraît une bonne acquisition ; son vin est moins coloré que celui de la Carignane et du Morrastel», et, à un autre moment: « vin peu coloré, semblable à un vin de pays ». Sa production est sensiblement égale à celle du Piquepoul Noir.

Il se pourrait que dans les milieux où l'on avait intérêt à cultiver le Piquepoul Noir, le Piquepoul-Bouschet puisse rendre des services.

---

(1) **Synonymes du Piquepoul** : *Piquepoul Noir, Picpouille, Picapulla* (d'après H. Marès).

Ce ne serait donc que par exception qu'on le cultiverait. Il reste encore à savoir si le vin aura les qualités que l'on recherchait dans celui du Piquepoul Noir. On sait d'ailleurs que cette forme de Piquepoul était peu à peu abandonnée dans le Midi, où on la remplaçait, même dans les plus mauvais terrains, là où elle réussissait bien, par des cépages plus méritants. Il est évident que le Piquepoul-Bouschet n'a aucune des qualités nécessaires à la fabrication d'un vin blanc de Piquepoul. Par suite de ces diverses considérations, nous pensons que le Piquepoul-Bouschet restera dans les collections.

COMPOSITION DU MOÛT

	N° 1	N° 2	N° 3
Densité, d'après Beaumé, à 15°.......	9° 64	9° 60	9° 37
Sucre (en glucose) par litre..........	165gr 22	165gr 10	156gr 92
Acidité (en acide sulfurique) par litre..	4 85	5 96	5 47

Le N° 1 provient de raisins récoltés sur la souche la plus âgée de *la Prade:* les N°s 2 et 3, de raisins cueillis à l'École d'Agriculture de Montpellier sur des souches greffées en 1878, sur Taylor.

ALICANTE-Bᵀ ET PIQUEPOUL GRIS N° 8

Cette variété, bien distincte, ne possède ni les caractères de l'Alicante-Bouschet, ni ceux du Piquepoul. Son feuillage est celui du Grenache, mais les feuilles rougissent à l'automne, et le jus est coloré en rouge. Elle est peu fructifère et coule beaucoup ; elle n'offre donc absolument aucun intérêt, et n'a aucune valeur.

ALICANTE-B^T ET PIQUEPOUL GRIS N° 9

Quoique la valeur de ce cépage, classé sous ce nom dans les collections de l'École d'Agriculture de Montpellier par Henri Bouschet, n'approche pas celle des principaux de ses hybrides, il mérite quelque intérêt, car il est bien fructifère et mûrit assez tôt.

La grappe est sur-moyenne, un peu lâche, courte, simple, mais avec ramifications supérieures bien développées; les grains de deux grosseurs, moyens et sur-moyens, bien pruinés, globuleux et d'un noir violacé, le jus d'un rouge cristallin assez foncé, à saveur sucrée et agréable.

La feuille est repliée sur ses bords, finement gaufrée, comme le limbe du Piquepoul, un peu plus longue que large, trilobée, à sinus latéraux supérieurs profonds et fermés, le lobe terminal large et infléchi à son sommet, sinus pétiolaire profond et étroit; la face supérieure d'un vert foncé et luisante; tomentum aranéeux continu, assez abondant sur le revers où les nervures ont des poils roides; la coloration rouge se manifeste assez tard. Les caractères de cette variété sont bien intermédiaires entre ceux de l'Alicante-Bouschet et du Piquepoul.

Pl. IV.

ASPIRAN – BOUSCHET.

VI. DIVERS

ASPIRAN-BOUSCHET

(Pl. IV)

DESCRIPTION

Souche vigoureuse. à *port* presque rampant, *tronc* fort, *écorce* rugueuse, en larges lanières irrégulières.

Rameaux allongés, forts, presque droits, peu aplatis, à ramifications secondaires assez nombreuses, mais peu développées ; — jeunes rameaux glabres, luisants, teintés uniformément de rouge pourpre clair avec raies plus foncées ; — d'un gris chamois clair, avec pruine abondante lors de la maturité des fruits; d'un gris cendré clair sur fond vineux, avec nœuds d'un brun noisette à l'aoûtement complet ; — *mérithalles* lisses, à stries bien délimitées, assez fines et peu profondes ; nœuds renflés, assez gros, bois dur, vert clair, coloré de rose clair en hiver sur les diaphragmes, qui sont épais et convexes ; — *vrilles* discontinues, fortes, courtes, colorées d'un rouge carmin vif, bi ou trifurquées.

Bourgeons gros sur les sarments aoûtés et d'un rouge vineux vif; — *jeunes feuilles* peu épaisses, profondément quinquélobées, il existe même des sinus secondaires sur certains lobes, à tomentum laineux, peu abondant sur les deux faces et s'éclaircissant de bonne heure; la face supérieure devient très luisante et d'un roux vineux foncé, la page inférieure terne ; *sinus pétiolaire* très légèrement

9

ouvert en V; *dents* très prononcées ; *grappes de fleurs* fortement colorées en rouge vineux foncé.

Feuilles grandes, aussi larges que longues, orbiculaires dans leur forme générale, planes mais légèrement et finement gaufrées entre les sous-nervures, épaisses, coriaces ; — profondément découpées, quinquélobées, le lobe terminal large et très nettement détaché en lyre, de même les deux lobes latéraux supérieurs ; les sinus latéraux supérieurs, très profondément creusés, ont leurs extrémités qui, sans se superposer, sont tangentes, laissant un trou à la base; sur chacun des lobes latéraux supérieurs et inférieurs, et même sur le lobe terminal, sont marqués deux sinus rudimentaires; — *sinus pétiolaire* profond, large, les deux extrémités des lèvres viennent se toucher au sommet, se superposent rarement, il reste une ouverture à la base ; les sinus ont ainsi par leurs formes de grandes ressemblances avec ceux du Cabernet-Sauvignon ; — *face supérieure*, d'un vert mat foncé, sur ce fond se dessinent les nervures envinées ; — *face inférieure* d'un vert clair, terne, avec nombreux poils en brosse très roides sur les nervures et sous-nervures, avec quelques rares flocons aranéeux, disséminés sur le parenchyme ; — deux séries de *dents* très nettement accusées, assez profondes, larges et peu acuminées, liserées sur tout leur pourtour de rouge clair et avec petits poils roides sur le fond des sinus ; — *nervures* fortes, proéminentes surtout à la page inférieure et même à la page supérieure, nuancées de rouge assez intense. — *Pétiole* assez long, moyen de force, cylindrique, avec poils roides, courts et assez nombreux, enviné de pourpre assez foncé à l'extérieur et à l'intérieur des tissus, formant avec le limbe un angle peu obtus.

Les feuilles se colorent de bonne heure ; le limbe prend sur toute son étendue une teinte claire carmin vineux; la coloration s'étend en se diffusant; les bords des lobes sont plus foncés en vineux. Elles sèchent avec la teinte feuille morte, mais d'un jaune clair.

Fleurs petites, luisantes, à angles marqués, régulièrement colorées de vineux foncé sur toute la surface ; — *étamines* à filet grêle et à anthères lavées de rose clair ; — *nectaires* bien prononcés, d'un vert clair ; — *ovaire* vert clair, à style peu détaché, stigmate large, bifide.

Fruits. — GRAPPES insérées à partir des troisième et quatrième nœuds ; fortement colorées avant la véraison en rouge carmin vif ; — sur-moyennes, allongées, tronc-coniques, parfois un peu irrégulières et alors plus courtes, avec ramifications supérieures un peu développées, simples, lâches ; — *pédoncule* assez allongé, un peu grêle, dur et renflé mais non ligneux à l'insertion, avec renflement portant parfois une vrille et exceptionnellement une petite aile en forme de grappillon ; — *pédicelles* assez longs, forts, avec bourrelet assez gros et fortement enviné comme eux, muni de grosses verrues bien apparentes ; les grains s'en séparent facilement et abandonnent un très gros pinceau, très fortement enviné.

GRAINS plutôt sur-moyens, avec de rares petits grains verts entremêlés, à pruine très abondante, d'un joli aspect, un peu allongés et bien ellipsoïdes, noir foncé sous la pruine à la maturité; pruineux et bien olivoïdes et couleur lie de vin avant la véraison; stigmate à peine apparent sur l'extrémité en pointe du grain ; — croquants, à peau épaisse, peu coriace, bien résistante; — *pulpe* fondante, à saveur sucrée, fine et très agréable; jus abondant, d'un rouge sang, le plus foncé des hybrides, d'une teinte vive et cristalline.

RÉSUMÉ

Souche vigoureuse, à port presque rampant, bois de l'année d'un gris cendré clair sur fond vineux, marron clair au pourtour des nœuds.— *Bourgeonnement* duveteux, rouge violacé clair. — *Feuilles* grandes, aussi larges que longues, quinquélobées, les sinus latéraux et pétiolaire profonds, fermés au sommet, laissant un trou à la base ; pourtour liseré de rouge vineux ; face supérieure d'un vert mat foncé ; fortes nervures envinées, avec nombreux poils courts et roides sur le revers, qui possède de rares poils aranéeux sur le parenchyme ; d'un carmin vineux clair à l'automne.— *Grappe* sur-moyenne, tronc-conique allongée, simple, lâche ; *grains* sur-moyens, ellipsoïdes, à pruine très abondante ; pulpe à saveur très agréable, jus d'un rouge sang intense, à teinte vive.

OBSERVATIONS

Origine. — L'ASPIRAN-BOUSCHET a été obtenu par Henri Bouschet, en 1865, en hybridant le *Gros-Bouschet* avec l'*Aspiran noir*. Il en obtenait les premiers fruits en 1871 ; il ne l'a pas propagé lui-même. Cette variété n'est que fort peu répandue, elle est cependant citée, dès 1872, dans un rapport sur la collection de raisins qu'avait envoyés Henri Bouschet à l'Exposition universelle de Lyon. Ce cépage remarquable est appelé à être beaucoup multiplié.

Henri Bouschet cite, dans ses notes, un autre Aspiran-Bouschet, qui proviendrait d'une « hybridation de l'*Aspiran blanc* avec le *Socco*, variété du Teinturier du Cher, reçue des environs de Neufchatel ». Cette dernière hybridation n'est que signalée, la précédente se rapporte à l'Aspiran-Bouschet que nous venons de décrire.

Ampélographie comparée. — L'Aspiran-Bouschet est bien défini par des caractères qui sont nettement intermédiaires entre ceux du *Teinturier* et de l'*Aspiran noir* (1). Il ne présente rien qui rappelle le Gros-Bouschet; il y a pour ainsi dire tendance égale à revenir vers le Teinturier et l'Aspiran. De tous les Hybrides-Bouschet c'est celui qui se rapproche le plus du Teinturier. Les découpures des feuilles ont quelque analogie avec celles de ce dernier, mais elles sont surtout comparables, dans leur forme générale, à celles de l'Aspiran noir, avec cette différence essentielle que les dents ne sont pas aussi finement découpées, mais confusément détachées. Les sinus sont plus profondément creusés et d'ouverture semblable à celle du Cabernet-Sauvignon.

D'après M. Henri Marès les feuilles de l'Aspiran noir sont « bordées de rouge çà et là à l'arrière saison ». Chez l'Aspiran-Bouschet ce liseré est continu sur tout le pourtour et persistant durant toute la végétation. Les nervures sont envinées comme dans le Teinturier. L'épaisseur du parenchyme, les poils roides des nervures, la teinte carmin vineux clair à l'automne et la coloration du bois août sont spéciaux à l'Aspiran-Bouschet. Le port seul le rapprocherait du Gros-Bouschet.

On peut dire que la grappe de l'Aspiran-Bouschet a les caractères de forme du même organe de l'Aspiran, mais dans un sens plus accusé, et les caractères de coloration du Teinturier. Les grains sont plus ellipsoïdes, mais de même grosseur, à pruine et à saveur comparables à ceux de l'Aspiran noir. La peau des grains de l'Aspiran-

---

(1) **Synonymes de l'Aspiran.**— *Aspiran noir, Spiran, Epiran, Piran, Verdal, Verdai, Riveyrenc, Ribeyrenc* (d'après MM. Pulliat, H. Marès, Pellicot, Odart).

Bouschet est plus épaisse que celle des baies de l'Aspiran noir et du Gros-Bouschet ; ce qui est un avantage sur ces deux cépages qui sont sujets à la pourriture. Le jus est d'intensité presque égale à celle du Teinturier, mais la teinte, au lieu d'être terne, a un aspect cristallin.

Moût et vin. — Le moût et le vin nous ont été fournis par M. J. Lavit, de Canet ; ils proviennent de souches à leur deuxième année de production, greffées sur Taylor et York-Madeira, de 5 et 6 ans, dans un terrain d'alluvion, à cailloux roulés, en plaine.

Composition du moût

Densité, d'après Beaumé, à 15°	9°	66
Sucre (en glucose), par litre	178gr	66
Acidité (en acide sulfurique), par litre)	6	51

Composition du Vin (Analyses de M. A. Bouffard).

Intensité colorante (rapportée au vin d'Aramon)	25Ar	
Densité	999	5
Alcool, par litre	7°	8
Acidité (en acide sulfurique), par litre	4gr	64
Bitartrate de potasse, par litre	4	01
Acide tartrique, —	0	107
Extrait sec { dans le vide à la température ordinaire, par litre	31	6
{ à 100° —	28	7
Glycérine et matières volatiles à 100°, par litre	7	4
Cendres { solubles, par litre	2	42
{ insolubles, —	0	80
{ totales, —	3	22

Culture. — L'Aspiran mûrit, dans le Midi, dès les premiers jours de septembre ; le Gros-Bouschet est un des plus précoces des hybrides-Bouschet. L'ASPIRAN-BOUSCHET tient, par sa précocité relative, de ses deux ancêtres ; sa maturité a lieu fin août ou commencement de septembre. Son débourrement n'est pas un des plus tardifs ; il n'est pas non plus précoce. Ce sont là deux qualités essentielles ; mais celle qui lui donne le plus de valeur réside dans les qualités de finesse et d'intensité colorante de son vin. Il n'y a certainement pas de plus beau vin, pour la couleur, que le vin de l'Aspiran-Bouschet. C'est, à ce point de vue, ce qui a été obtenu de plus remarquable ; en outre, sa richesse alcoolique est relativement élevée. Ce vin aurait même sur celui de l'Aspiran noir, que l'on ne cultivait guère dans le Midi que pour les vins fins, un certain avantage en ce qu'il ne possèderait pas le défaut de manquer « d'une certaine rudesse qu'on recherche, d'après M. H. Marès, comme un signe de fermeté. »

Si l'Aspiran-Bouschet avait la puissance de production d'autres Hybrides-Bouschet, il serait de tous le plus méritant. Sa fertilité est tout au plus moyenne ; il est en outre un peu sujet à la coulure, mais non à un point tel que ce soit un réel désavantage. Un autre défaut, qui n'est pas non plus essentiel à cause de la grande vigueur de ce cépage, c'est qu'il paraît exiger la taille à long bois pour donner des récoltes qui sont alors suffisantes et qui seraient, malgré leur infériorité relative, plus rémunératrices que celles d'autres cépages plus fructifères. Nous croyons d'ailleurs que, par une sélection suivie de boutures, on parviendrait à augmenter la produc- de l'Aspiran-Bouschet.

Par suite des qualités incomparables de son vin, et malgré les quelques défauts de fructification et de conduite de taille à long bois, nous estimons que l'ASPIRAN-BOUSCHET est appelé à rendre de très importants services, en offrant un élément de coloration et même de finesse aux cépages qui produiront la quantité. Sa culture doit rester cependant limitée sur les coteaux fertiles et surtout dans les terres caillouteuses, chaudes, mais cependant assez riches. Il est évident qu'à cause de la couleur de son jus il n'a aucun mérite pour la table et ne suppléera jamais l'Aspiran, le plus précieux de tous les cépages, à ce point de vue.

Nous considérons que l'*Aspiran-Bouschet* avec le *Petit-Bouschet* et l'*Alicante-Henri Bouschet* sont les produits les plus remarquables des hybridations qu'ont faites Louis et Henri Bouschet.

TERRET-BOUSCHET.

TERRET-BOUSCHET

(Pl. V)

DESCRIPTION

Souche assez vigoureuse, à *port* étalé, *tronc* fort, *écorce* très rugueuse, en lanières assez larges et irrégulières.

Rameaux allongés, droits, cylindriques et aplatis vers l'insertion, peu ramifiés, demi-forts, d'un vert clair et nuancés de rose vineux à l'état herbacé; d'un rose vineux sur fond jaune, à l'aoûtement, avec teinte plus accusée aux nœuds et à la base des sarments; — *mérithalles* moyennement allongés, non aplatis, lisses, légèrement pruineux, à stries peu accusées mais bien apparentes; nœuds larges et aplatis; bois dur, à moelle peu abondante, diaphragmes épais et bien convexes; — *vrilles* discontinues, courtes, fortes, bifurquées.

Bourgeons petits, un peu allongés, à écailles courtes, pointues, transparentes, enveloppés dans un duvet peu épais, blanc; — *jeunes feuilles* trilobées, gaufrées, un peu en gouttière; tomentum blanc laineux, assez peu abondant à la face inférieure, disparaissant de bonne heure de la face supérieure qui est luisante, d'un vert jaunâtre, légèrement nuancé de roux; large sinus pétiolaire, dents bien détachées; — *grappes de fleurs* apparaissant assez tardivement, d'un brun carmin clair, avec bractées assez longues.

Feuilles moyennes, plus longues que larges, cordiformes, assez épaisses, non coriaces; — légèrement trilobées, les sinus supérieurs peu profonds et peu ouverts, le lobe terminal allongé; — *sinus pétiolaire* en V assez profond et largement ouvert; — limbe faiblement replié sur les bords, avec gouttière centrale vaguement indiquée; — *face supérieure* d'un vert assez foncé, terne; — *face inférieure* d'un vert blanchâtre, avec tomentum aranéeux par bouquets peu abondants, régulièrement distribués sur tout le parenchyme; — deux séries de *dents* peu délimitées et peu profondes, obtuses ; — *ner-vures* assez fortes à la face inférieure et d'un jaune vert clair ; — *Pétiole* de dimensions moyennes, d'un vert clair, formant un angle très obtus avec le plan du limbe.

Fleurs allongées et renflées au milieu, d'un vert clair uniforme et luisantes ; — *étamines* à longs filets, grêles ; — *disque* presque continu, peu épais, comprimé, vert ; — *ovaire* petit, à style très allongé, stigmate large et entier.

Fruits. — Grappes insérées à partir du premier nœud jusqu'au sixième ; parfois au nombre de cinq et six sur le même sarment, portées même par les rameaux venus sur vieux bois ; — grosses, co-niques, élargies à la base par suite du développement relativement grand des ramifications supérieures, souvent une aile assez déve-loppée, insérée loin du point d'attache de la queue du raisin ; — *pédoncule* assez long, fort, vert sale, dur et en partie lignifié à l'in-sertion ; rafle assez fragile, teintée de rouge vineux ; — *pédicelles* assez longs, grêles, d'un jaune clair sale ; à bourrelet assez gros et conique, souvent enviné, avec grosses verrues peu nombreuses ; les grains s'en détachent assez difficilement et laissent un gros pinceau court, fortement enviné, d'une teinte bien plus foncée que le jus.

Grains de deux grosseurs, sur-moyens ou presque gros et moyens, un peu allongés, sub-globuleux, avec de rares grains verts entremêlés, peu pruinés, d'un noir violacé foncé, à stigmate en pointe, bien apparent au centre de la baie ; — fermes, à *peau* assez épaisse, très élastique, se ridant à la complète maturité sans pourrir ; — *pulpe* fondante, à saveur peu sucrée, mais agréable ; jus abon-dant, d'un rouge vineux moins intense que celui de la plupart des autres hybrides. — Graines : trois et quatre par grain, assez pe-tites.

RÉSUMÉ

Souche assez vigoureuse, à port étalé, bois de l'année d'un rose vineux sur fond jaune. — *Bourgeonnement* presque glabre. — *Feuilles* moyennes, un peu allongées, cordiformes, 3-sublobées ; sinus pétiolaire assez profond en V et ouvert, à bords légèrement repliés ; face supérieure d'un vert foncé, légèrement tomenteuse sur le revers. — *Grappe* grosse, ramifiée, conique et presque lâche ; *grains* sur-moyens, globuleux, à peau résistante, à jus abondant, d'un rouge vineux non intense.

OBSERVATIONS

Origine. Henri Bouschet a décrit dans ses notes manuscrites, un cépage qu'il dit obtenu par le croisement du *Petit-Bouschet* et du *Terret-Gris*, en 1858, et auquel il donne le nom de Terret-Bouschet. C'est le même produit qui a été cité au nombre des variétés dont il avait envoyé les fruits à l'exposition de Lyon. La description correspond exactement aux dessins d'une aquarelle qu'il a fait exécuter et qui nous a été communiquée. Or, dans les deux cas, on trouve l'indication des feuilles planes, peu tourmentées, quinquélobées, à sinus latéraux inférieurs profonds et largement ouverts, à sinus pétiolaire ouvert en U, à dents vaguement détachées ; la grappe est un peu courte, mais épaisse, tassée.

Ces caractères sont bien différents de ceux que nous venons d'énoncer par la description précédente. Ce que l'on nous a montré dans les collections d'Henri Bouschet et dans tous les vignobles, correspond bien à cette description et se différencie, surtout par les caractères végétatifs, de l'hybride de Bourret-Gris et de Petit-Bouschet. Dans le répertoire des vignes de la Prade, établi par Henri Bouschet, les pieds de souche catalogués sous le nom de TERRET-BOUSCHET, se rapportent à une hybridation, faite en 1855, entre le Petit-Bouschet et le Terret-Noir ; c'est ce produit que nous venons de décrire. Ce cépage n'est pas encore cultivé en grande surface ; il est cependant assez disséminé, quoiqu'il n'ait été répandu que depuis peu d'années.

Ampélographie comparée. — Le port du TERRET-BOUSCHET est plus semblable à celui du Petit-Bouschet que du Terret. Le tassement des grains, la forme et la fragilité de la grappe présentent aussi avec lui plus de rapports. Les rapprochements seraient plus intimes avec le Terret, par la forme et la constitution de la peau des grains, par les caractères de vigueur, les époques de végétation : débourrement et maturité.

Les feuilles ne présentent que des relations fort éloignées avec celles des deux ancêtres, elles seraient plus comparables à celles des Alicantes-Bouschet à bords incurvés. On peut même, par suite de ce caractère et de l'aspect de la face supérieure, se demander s'il n'y a pas une action accidentelle du pollen de ces Alicantes ; les grappes n'offrent cependant rien d'analogue à celles de ces variétés.

Moût et Vin. — Les analyses de moût sont faites d'après des raisins, cueillis à l'Ecole d'Agriculture de Montpellier, sur souches à leur première production. Les vins ont été récoltés, le N° 1 chez M. de Fortanier, le N° 2 chez M. Bouisset (les deux dans des plaines fertiles, mêmes conditions que celles signalées pour les autres cépages).

COMPOSITION DU MOÛT

Densité, d'après Beaumé, à 15°...........................	7° 35
Sucre (en glucose), par litre...........................	126^{gr} 30
Acidité (en acide sulfurique), par litre....................	7 69

COMPOSITION DU VIN (Analyses de M. A. Bouffard)

	N° 1	N° 2
Intensité colorante (rapportée au vin d'Aramon)...	2^{Ar}9	
Densité....................................		994
Alcool, par litre..............................	7° 5	4° 5
Acidité (en acide sulfurique), par litre............	5^{gr}0	5^{gr}16
Bitartrate de potasse, —	3 31	3 44
Acide tartrique, —	0 180	0 450
Extrait sec...... { dans le vide à la température ordinaire, par litre.......	25 5	23 6
à 100°....................	22 8	20 3
Glycérine et matières volatiles à 100°, par litre....	8 5	4 4
Cendres........ { solubles, par litre...........	1 40	2 04
insolubles —	0 78	1 04
totales —	2 18	3 08

Culture. — Le TERRET-BOUSCHET est le plus fertile de tous les Hybrides-Bouschet.

Conduit à la taille courte, système auquel on devra le cultiver, il produit presque autant que l'Aramon ; c'est aussi celui qui se met le plus vite à fruit. Cependant au bout de deux ou trois productions, les fruits, qui peuvent être au nombre de cinq ou six sur le même sarment, diminuent; le développement des grappes, qui peuvent être très grosses, s'affaiblit et les grains se tassent un peu plus.

Le débourrement de cette variété est très tardif, mais sa maturité n'a lieu que fin septembre, avant celle du Terret noir ; en outre, la coloration du vin est la moins intense des hybrides et le degré alcoolique peu élevé.

Les sarments s'aoûtent tard et mal, et ils nous ont paru se rabougrir sur des souches d'une fructification qu'on pourrait considérer comme exagérée. Ce rabougrissement n'atteint cependant pas le degré d'intensité qu'il a sur l'Aramon-Teinturieur-Bouschet. Ce défaut, qui pour ce dernier cépage paraît essentiel, ira-t-il s'aggravant sur le Terret-Bouschet ?

M. H. Marès a signalé que le Terret Noir (1) vieillissait vite et dégénérait souvent dans sa fertilité ; « les ceps ainsi dégénérés ne reprennent plus leur fertilité, il ne reste plus qu'à les greffer ou à les arracher ». Il y a à se demander — à la suite des faits que nous venons de rapporter pour le Terret-Bouschet, mais qui n'ont certes pas une valeur absolue — si on n'aura pas à craindre pour lui ces mêmes inconvénients, résultant du rabougrissement dans un sens encore plus accusé ; quoique l'influence des ancêtres ne se manifeste pas d'une façon générale par des caractères de cet ordre dans les produits qui en dérivent.

Le Terret-Bouschet est attaqué par l'Anthracnose et fortement par le Mildiou. Avec le Morrastel à gros grains, c'est un des moins résistants, parmi les hybrides, à ce dernier parasite.

Les grandes qualités du Terret-Bouschet sont dues à sa grande production et à son débourrement tardif. Mais, par suite du retard dans sa maturité, du peu de coloration et de la faiblesse alcoolique de son vin, qui n'a pas non plus conservé les qualités de finesse du vin de Terret, on peut se demander si le rôle qu'il doit jouer dans la reconstitution des vignobles méridionaux doit être important. Pour le moment on ne peut qu'émettre des doutes. Il est certain qu'on n'aura pas intérêt à multiplier le Terret-Bouschet sur les coteaux

(1) H. MARÈS — *Les vignes du Midi de la France. Livre de la Ferme*, T. II.

où l'on cultivait, dans le Midi, le Terret Noir pour la production de vins relativement fins (vins de Saint-Georges). Ce n'est qu'en vue de la production de vins de grande quantité qu'il pourrait être appelé à rendre des services dans les terres très riches et fortement fumées. Il se pourrait que dans ces milieux, il remplaçât le Petit-Bouschet, dans certaines conditions. Il nous semble prudent de suivre encore le Terret-Bouschet pendant quelques années avant de formuler une conclusion à ce sujet.

MUSCAT-BOUSCHET

DESCRIPTION

Souche moyennement vigoureuse, à *port* étalé, *tronc* trapu, peu fort, *écorce* en larges lanières peu régulières.

Rameaux longs, grêles, peu sinueux, à ramifications assez nombreuses, mais peu développées ; d'un vert jaune clair et luisant, estompés de brun sale sur les parties exposées à la lumière à l'état herbacé, prenant à l'aoûtement une teinte d'un jaune roux clair, avec raies plus foncées ; — *mérithalles* moyens de longueur, non pruineux et légèrement luisants, lisses ; à stries nettes, larges et assez profondes ; nœuds larges, mais peu renflés ; bois assez tendre, vert clair à l'intérieur, moelle assez peu épaisse, diaphragmes plans et très épais ; — *vrilles* discontinues, longues, très grêles. se détachant de bonne heure.

Bourgeons gros et pointus, très proémiments sur le sarment aoûté ; — *jeunes feuilles* très minces, presque entièrement glabres sur les deux faces, transparentes, trilobées, luisantes et colorées en brun vineux vif à la face supérieure, ayant la même teinte dans un ton mat à la face inférieure, qui devient bientôt d'un vert clair avec quelques poils roides et courts sur les nervures principales ; la coloration se limite aux extrémités de la face supérieure, encadre ensuite le fond des sinus et finit par ne former qu'un liseré ; dents jaunâtres ; nervures vertes bien apparentes sur fond coloré, sinus pétiolaire ouvert.

Feuilles assez grandes, larges et un peu allongées, peu épaisses et souples ; — quinquélobées, les sinus latéraux inférieurs peu prononcés et étroits ; les sinus latéraux supérieurs assez profonds, presque entièrement fermés ou percés d'un trou, les lèvres se recouvrant seulement à leurs extrémités, le lobe terminal large à la base, en pointe au sommet et avec dent acuminée très accusée ; — *sinus pétiolaire* en V profond, étroit, à lèvres se superposant parfois sur une assez grande surface sur les feuilles adultes, largement ouvert dans les feuilles moins développées ; — par suite de la superposition des lèvres des sinus, le limbe forme gouttière suivant les nervures principales ; — glabres, d'un vert foncé et terne à la *face supérieure ;* — d'un vert plus clair à la *face inférieure* et non tomenteuses, sauf sur les nervures où sont des poils courts et roides en brosse ; — deux séries de *dents* bien découpées, aiguës, à pointe mucronée, d'un jaune clair ; — *nervures* fortement prononcées à la page inférieure, d'un vert clair. — *Pétiole* très long, fort, d'un vert clair, un peu rugueux, formant angle obtus avec le limbe.

Fleurs grosses, allongées, d'un vert clair, peu envinées au sommet ; — *étamines* petites et longues ; — *disque* rudimentaire ; — *ovaire* ramassé, à style court.

Fruits. — Grappes insérées du troisième au cinquième nœud; — sur-moyennes ou moyennes, coniques ou tronc-coniques, un peu lâches et à ramifications supérieures développées ; — *pédoncule* grêle, moyennement allongé, un peu renflé et dur à l'insertion, rafle d'un jaune clair sale ; — *pédicelles* courts, grêles, d'un vert clair, à gros bourrelet conique et enviné, muni de grosses verrues ; après la séparation facile du grain, il reste un pinceau fortement coloré en rouge sang.

Grains moyens ou un peu sur-moyens, avec rares grains verts entremêlés, sphériques, d'un noir foncé, stigmate peu apparent excentrique ; — baie ferme à *peau* peu épaisse, non coriace ; — *pulpe* fondante et légèrement charnue, à saveur un peu musquée et sucrée, jus assez abondant d'un rouge vineux foncé. — Graines : assez grosses, au nombre de deux et trois par grain.

RÉSUMÉ

Souche moyennement vigoureuse, à port étalé, bois de l'année d'un jaune roux clair. — *Feuilles*, jeunes: très minces, glabres, colorées en brun vineux vif et luisantes; adultes : assez grandes, larges, peu épaisses, quinquélobées, à sinus latéraux et pétiolaire fermés; d'un vert foncé à la face supérieure ;

avec poils roides seulement sur les nervures, au revers. — *Grappe* sur-
moyenne, conique, un peu lâche; *grains* moyens, sphériques, d'un noir foncé,
jus d'un rouge vineux foncé, à saveur un peu musquée.

OBSERVATIONS

Origine. — Le MUSCAT-BOUSCHET est le résultat d'une hybridation faite, en 1857, entre le *Muscat Noir* et le Petit-Bouschet.
Henri Bouschet avait obtenu, par croisement, deux autres hybrides
de Muscat, de valeur inférieure. Il les a signalés pour la première
fois en 1871, dans le Bulletin de la Société d'Agriculture de l'Hérault. Le Muscat-Bouschet n'a jamais été beaucoup multiplié ; il
n'existe qu'exceptionnellement dans quelques vignobles et collections.

Ampélographie comparée. — Le Muscat-Bouschet ne possède
nullement les caractères végétatifs du Petit-Bouschet, et en général,
des Hybrides-Bouschet ; seule la coloration noir intense de son jus
l'en rapproche. Par contre, il a des rapports intimes avec le Muscat par le port, le bourgeonnement et le feuillage, qui est seulement plus foncé et moins développé. La grappe est un peu plus lâche,
moins allongée et les grains sensiblement plus gros ; le parfum
musqué existe, mais est bien moins accusé que dans le Muscat.

Culture. — LE MUSCAT-BOUSCHET produit à la taille courte comme
le Muscat ; il est moins fructifère que ce dernier et surtout moins vigoureux. Il ne sera jamais qu'un type de collection pour le midi de
la France ; nous ne voyons pas dans quel but on pourrait l'y multiplier, quoiqu'il soit assez fructifère et à maturité bien précoce. Il ne
remplacera jamais le Muscat de Frontignan, car le principal mérite
du vin de liqueur que ce cépage produit, réside dans sa couleur
dorée et dans son parfum, qualités que ne possède pas le Muscat-
Bouschet. Comme raisin de table il pourrait avoir quelque intérêt
par sa maturité antérieure à celle du Muscat de Frontignan, mais la
trop grande coloration de son jus, rendra toujours ce raisin fort
désagréable et, à ce dernier point de vue, le Muscat blanc lui sera
encore préférable. Il sera peut-être utilisé dans quelques vignobles

du Centre. Il pourrait aussi avoir un intérêt dans les vignobles du Cap, où l'on fait des vins muscats colorés, obtenus par des mélangés de Muscat de Frontignan et de Teinturier.

COMPOSITION DU MOÛT

	N° 1	N° 2
Densité, d'après Beaumé, à 15°....................	11° 12	13°
Sucre (en glucose) par litre......................	191gr65	221gr18
Acidité (en acide sulfurique) par litre..............	5 57	2 38

Les deux échantillons proviennent de raisins récoltés très mûrs, à Canet, chez M. J. Lavit.

CINSAUT BOUSCHET

DESCRIPTION

Souche assez vigoureuse, à *port* étalé, *tronc* trapu, *écorce* en fines lanières régulières.

Rameaux allongés, grêles, légèrement sinueux, à ramifications latérales peu nombreuses; — jeunes rameaux avec quelques flocons de poils aranéeux épars au sommet, lavés de rouge brique sur certaines parties; d'un brun rose clair, lisses et luisants à l'aoûtement; — *mérithalles* longs, cylindriques, à stries fines et peu creusées; nœuds peu renflés; bois assez dur, à moelle moyennement épaisse, dense; diaphragmes épais, convexes, avec légère auréole rosée à leur pourtour; — *vrilles* discontinues, courtes, assez fortes, bifurquées.

Bourgeons gros et larges sur le sarment aoûté; — *jeunes feuilles* peu épaisses, tri ou quinquélobées, à sinus latéraux supérieurs très profonds; tomentum d'un blanc laiteux assez abondant à la face inférieure; page supérieure faiblement pubescente, gaufrée, nuancée sur certaines parties de brun rose clair, peu luisante et d'un vert gai; dents détachées, glabres, vertes, avec mucron d'un rouge vineux; — *grappes de fleurs* d'un vert gai et luisantes, à sommet estompé de rouge vineux, avec bractées peu nombreuses.

Feuilles sur-moyennes, aussi larges que longues, légèrement asymétriques, un peu pliées en gouttière, assez peu épaisses, non coriaces, un peu bullées vers leur base; — quinquélobées, le lobe terminal bien détaché, les sinus latéraux supérieurs profonds et ouverts; — *sinus pétiolaire* profond, en V, les extrémités des bords un peu superposées; — *face supérieure* d'un vert assez clair et un peu luisante; — *face inférieure* d'un vert blanchâtre, terne, avec tomentum aranéeux par bouquets peu abondants sur les nervures principales et secondaires; deux séries de *dents* nettement distinctes, assez profondes, larges et un peu subaiguës, avec mucron jaune

10

rougeâtre ; — *nervures* fortes, d'un jaune verdâtre à la page supérieure. — *Pétiole* assez allongé, un peu grêle et rugueux, à angle obtus avec le limbe.

Fruits. — GRAPPES insérées à partir du deuxième nœud, jusqu'au cinquième et sixième ; — moyennes ou sur-moyennes, courtes, larges, un peu irrégulières de forme, cylindro-coniques le plus souvent, simples, à ramifications latérales très développpées, très lâches; — *pédoncule* allongé ; renflé, dur mais non ligneux à l'insertion ; grêle, presque toujours remontant (soudé) sur le rameau ; rafle d'un vert sale; — *pédicelles* gros et longs, fortement envinés vers leur sommet et sur le bourrelet qui est un peu accusé et verruqueux ; assez adhérents avec les baies qui abandonnent un pinceau long et épais, d'un vineux foncé.

GRAINS moyens, avec quelques petits grains verts entremêlés, subovoïdes, d'un noir violacé foncé, à pruine assez abondante ; stigmate central bien apparent ; — fermes mais peu croquants, à *peau* coriace ; — *pulpe* fondante, jus d'un rouge vineux intense, saveur peu relevée.

RÉSUMÉ

Souche assez vigoureuse, à port étalé, bois de l'année d'un brun rosé clair. — *Feuilles*, jeunes : peu tomenteuses, nuancées de brun rose clair; — adultes : sur-moyennes, aussi larges que longues, quinquélobées ; sinus pétiolaire profond, en V presque fermé ; face supérieure d'un vert assez clair et un peu luisante; poils roides sur les nervures en dessous. — *Grappe* moyenne, lâche, courte et large ; *grains* moyens, subovoïdes, d'un noir violacé foncé, jus d'un rouge vineux intense.

OBSERVATIONS

Le CINSAUT-BOUSCHET a été classé, sous ce nom, par Henri Bouschet, dans les collections de l'École d'Agriculture de Montpellier, en 1878 ; nous l'avons seulement étudié sur ces souches qui ont actuellement sept ans de greffe. Il résulte probablement du croisement du *Petit-Bouschet* et du *Cinsaut* (1).

(1) **Synonymes du Cinsaut.** — *Cinq-saou, Boudalès, Bourdalès, Plant d'Arles, Picardan noir, Espagnen, Passerille, Papadou, Milhau, Poupe de Cabre, Morterille, Pétaïre, Prunella*, (d'après MM. H. Marès, Pellicot, Pulliat).

Les grains du Cinsaut-Bouschet sont moins gros que ceux du Cinsaut et même que ceux de l'Œillade du 1ᵉʳ août. Ils n'ont pas aussi accusée la forme ovoïde qui caractérise l'ancêtre, et seraient plus semblables à ceux de l'Œillade ; en outre, le parfum du Cinsaut ne se retrouve nullement ici et le jus, quoique à teinte intense, n'est pas aussi foncé que celui de l'Œillade du 1ᵉʳ août.

Le Cinsaut-Bouschet a, par les caractères végétatifs, quelques relations avec le Boudalès : par le bourgeonnement d'un brun clair rosé et presque glabre, par les découpures des feuilles, l'aspect des poils des nervures de la face inférieure. Il se rapproche davantage du Petit-Bouschet par le port et la coloration du bois aoûté.

Ce cépage est très attaqué par le Peronospora, autant que le Cinsaut. Les quelques souches que nous avons étudiées étaient, en outre, un peu sujettes à la coulure. Conduit à la taille courte, il ne serait pas sans valeur comme fructification, mais il n'atteint pas la production des Cinsauts sélectionnés, et il est même inférieur à l'Œillade du 1ᵉʳ août.

Comme le Cinsaut-Bouschet n'a pas les qualités de finesse du Boudalès, plus fructifère, on peut en conclure qu'il n'aura jamais aucune importance pour la culture ; il ne remplacera certainement pas le Cinsaut sur les coteaux où on cultive ce cépage pour les vins fins. L'Œillade du 1ᵉʳ août aurait d'ailleurs, dans toutes les conditions, bien plus de valeur, car elle est plus précoce, produit davantage et donne un vin à nuance un peu plus intense.

L'analyse suivante est celle d'un moût provenant de raisins cueillis sur des souches greffées sur Taylor, en 1878, à l'École d'Agriculture (terrain marneux, peu fertile).

Densité, d'après Beaumé, à 15°............................ 8° 85
Sucre (en glucose), par litre.............................. 149ᵍʳ 60
Acidité (en acide sulfurique), par litre.................... 5 32

ESPAR-BOUSCHET

Nous n'avons eu l'occasion de voir cette variété que chez M. Ch. de Grasset, à Pézenas. Les fruits, à grains petits, rendaient un jus d'une belle couleur foncée, mais ils étaient bien peu nombreux sur la même souche. Le manque de fructification de l'ESPAR-BOUSCHET oblige donc à le considérer comme sans intérêt.

ERRATA

Page 16, ligne 5, au lieu de : *elles,* lisez : *ils.*
— 20, — 2, au lieu de : *pepins,* lisez : *pépins.*
— 41, — 2, au lieu de : 13^Ar 3, lisez : 3^Ar 3.

TABLE DES MATIÈRES.

PARAIT TOUS LES DIMANCHES A MONTPELLIER

LE
PROGRÈS AGRICOLE & VITICOLE

JOURNAL D'AGRICULTURE MÉRIDIONALE

DIRIGÉ PAR **L. DEGRULLY**

Professeur à l'École nationale d'Agriculture de Montpellier

avec le concours de MM. les Professeurs de l'École d'Agriculture de Montpellier
de Présidents de Sociétés agricoles, de Professeurs départementaux d'agriculture
et d'un grand nombre d'agriculteurs et de viticulteurs.

LE PROGRÈS AGRICOLE paraît tous les dimanches en un fascicule
cousu et rogné de 16 à 24 pages in-8°,
et forme par an 2 vol. de 500 pages environ.

Le Progrès agricole et viticole s'occupe tout spécialement
des questions relatives à la défense des vignobles français et
à la reconstitution des vignobles détruits par les plantations
américaines.

Chaque numéro contient : 1° Une **Chronique** où sont relatées toutes
les nouvelles agricoles de la semaine ; 2° Des **Articles de fond** sur toutes
les questions intéressant l'Agriculture méridionale; 3° Le **Compte rendu**
des Expériences faites à l'École d'Agriculture de Montpellier ; 4° Une **Revue**
des Sociétés agricoles du Midi ; 5° Le **Bulletin commercial ;** 6° Une
Petite correspondance du Journal, où il est répondu gratuitement à
toutes les demandes de renseignements adressées par les Lecteurs.

PRIX DE L'ABONNEMENT

France : Un an, **12** fr. — Recouvré à domicile, **12** fr. **50** c.
Pays de l'Union postale : Un an, **14** fr.
On n'accepte pas d'abonnements pour moins d'un an.

Adresser tout ce qui concerne la Rédaction, les Abonnements et les Annonces,
à M. le Directeur du **Progrès agricole***, rue Albisson, 1, Montpellier.*

On s'abonne également chez M. COULET, libraire, Grand'-Rue,
Montpellier.

Librairie Camille COULET,

Grand'Rue, 5. Montpellier.

Ambroy (T.). La Submersion des vignes, par T. Ambroy, Président de la Société des Viticulteurs submersionistes, deuxième édition. Montpellier 1883. 1 vol. in-12 ; prix 1 fr. 50. Franco poste.. 1 fr. 65 c.

Bush et fils et **Meissner**. Catalogue illustré et descriptif des Vignes américaines, par MM. Bush et fils et Meissner. Deuxième édition française, avec 149 figures intercalées dans le texte, 3 planches en chromolithographie, traduite sur la troisième édition anglaise, par Louis Bazille, Vice-Président de la Société d'Horticulture et d'Histoire naturelle de l'Hérault ; revue et annotée par J.-E. Planchon, professeur à la Faculté de Médecine de Montpellier, correspondant de l'Institut, membre de la Société centrale d'Agriculture et de la Société d'Horticulture et d'Histoire naturelle de l'Hérault. Montpellier, 1885, 1 vol. gr. in-8° jésus de 234 pages ; prix 8 fr. Franco poste.. 8 fr. 75 c.

Bouschet (M.-H.). Les raisins du Verger ou choix des meilleurs et des plus beaux raisins de table pour le verger dans le midi de la France, par H. Bouschet, Membre de la Société d'Agriculture de l'Hérault. Montpellier, 1869, in-8° de 35 pages ; prix 1 fr. 25. Franco poste.. 1 fr. 35 c.

— Moyens de transformer promptement par les vignes américaines les vignobles menacés par le Phylloxera, par Henri Bouschet. Montpellier, 1874, in-8° ; prix 50 c. Franco poste.. 60 c.

F. Cazalis et **Foëx**. Essai d'une Ampélographie Universelle, par le comte de Rovasenda, traduit, annoté et augmenté par MM. le Dr F. Cazalis et le Professeur Foëx, de l'Ecole Nationale d'Agriculture de Montpellier. 1881, 1 vol. in-4° ; prix 7 fr. Franco poste.. 7 fr. 75 c.

Convert (F.). La Propriété, constitution, estimation, administration, par F. Convert, professeur d'économie rurale à l'Ecole nationale d'Agriculture de Montpellier. Montpellier, 1885. 1 vol. in-12 de 400 pages ; prix 4 fr. Franco poste........ 4 fr. 50 c.

Foëx (G.). Manuel pratique de Viticulture pour la reconstitution des Vignobles méridionaux. Vignes américaines, submersion, plantation dans les sables, par Gustave Foëx, Directeur et Professeur de Viticulture à l'Ecole nationale d'Agriculture de Montpellier, avec 33 figures dans le texte ; troisième édition, revue et considérablement augmentée. Montpellier, 1884, 1 vol. in-12 ; prix 3 fr. Franco poste. 3 fr. 50 c.

Faucon (Louis). Guérison des vignes phylloxérées ; instructions pratiques sur le procédé de la Submersion. Montpellier, 1874, in-8° ; prix 2 fr. 50. Franco poste. 2 fr. 75 c.

— Nouvelles observations sur la Submersion des vignes ; deuxième édition. Montpellier, 1879 ; prix 50 c. Franco poste.. 60 c.

Loret (H.) et **A. Barrandon**. Flore de Montpellier, comprenant l'analyse descriptive des Plantes Vasculaires de l'Hérault, leurs propriétés médicinales, les noms vulgaires et les noms patois, et un Vocabulaire des termes de botanique, avec une Carte du département. Montpellier, 1877, 2 vol. in-8° ; prix 12 fr. franco poste.... 13 fr. 25 c.

Maillot (Eugène). Leçons sur le Ver à Soie du mûrier ; par Eugène Maillot, Directeur de la Station Séricicole à l'Ecole d'Agriculture. Montpellier, 1885, 1 vol. in-8°, avec 36 figures dans le texte et 3 planches gravées ; prix 5 fr. Franco poste.... 5 fr. 60 c.

Mercier. Mémoires des différentes natures et qualités du raisin de notre terrain (envoyé à Mgr l'Intendant de Bordeaux, octobre 1782) ; par Mercier, Avocat de Nîmes ; avec un Avant-Propos par le Dr Cambassédès. Montpellier, 1879, in-12. 1 fr. franco poste.. 1 fr. 15.

Sahut (Félix). Les vignes américaines, leur greffage et leur taille ; par Félix Sahut, Vice-Président de la Société d'Horticulture et d'Histoire Naturelle de l'Hérault. Montpellier, 1885, 1 vol. in-12 de 550 pages ; prix 5 fr. Franco poste........ 5 fr. 70 c.

SOUS PRESSE

Foëx (G.). Cours complet de Viticulture ; par G. Foëx, Professeur de Viticulture, Directeur de l'Ecole Nationale d'Agriculture de Montpellier. 1 vol. in-8° carré d'environ 900 pages avec un grand nombre de figures dans le texte.

Montpellier. Imprimerie Grollier et fils, boulevard du Peyrou, 7 et 9

www.ingramcontent.com/pod-product-compliance
Lightning Source LLC
Chambersburg PA
CBHW071838200326
41519CB00016B/4161